東京の都市計画家

高山英華

東　秀紀

鹿島出版会

東京の都市計画家

高山英華

目次

プロローグ　公園　5

第一部

1　東京人　20
2　ア式蹴球部　41
3　帝大建築学科　64
4　都市計画へ　114

第二部

5　復興　160
6　結婚　202

7　東京オリンピック　231
8　都市工学科　295
エピローグ　都市計画からまちづくりへ　343
参考文献　369
あとがき　382

プロローグ——公園

駒沢オリンピック公園

江國香織《えくにかおり》に、『いくつもの週末』というエッセイ集がある。

冒頭にあるのが「公園」だ。

薄い文庫本で、「公園」は六頁くらい。それも一頁で十三行しかないから、数分で読み終えてしまう。

でも、内容は美しくて深い。たとえば、書き出しはこんなだ。

《大きな公園のそばの小さなマンションに引越して二年になる。春には近所じゅうに溢《あふ》れるように桜が咲き、秋には黄紅葉《きもみじ》がいい音で風に揺れる、きれいだけれどちょっと不便――駅が遠く、食料や日用品を買うお店も遠い――な住宅地だ。駅が遠いというのは、つとめ人である夫にとっては随分不便なことだろうと思うのだけれど、しずかだし、散歩には好都合だし、近くにおいしいレストランがいくつもあるし、私は気に入っている。

ここでの生活は、だいたいにおいて少しかなしく、だいたいにおいて穏やかに不幸だ》

このとき作者は結婚したばかりだったようだが、人生にひそむ悲しみをすでに知っている。逆に若いからこそ、感じとれたのかもしれない。たとえば引用した最後の行の文章が好例だが、さらに読み進むと、

《公園は、季節や曜日や時間帯によって、全然ちがう顔をしている》

と、ある。

朝の公園は空気が澄んで、まだ誰も吸っていない酸素に満ち、一番気持ちがよくて、世界中が

冷たく湿っているようだ。

一人になりたくて、ときどき夜の公園にも足を運ぶ。楽器を練習している人のトランペットやクラリネットを、歩道橋の上に立って聴いていると、夫とけんかをして荒んでいた心が穏やかに回復する。

でも、作者が一番よく足を運ぶのは、やはり子供たちと若い母親、老人と犬の散歩が行き交う平日の昼らしい。そこで著者はお気に入りの「ぶた公園」（豚を飼っているわけではなく、オブジェがあるだけ）の小さなベンチで、読みかけのミステリーを広げる。

そんなふうにいろいろと表情は変えるけれど、公園はいつも「空の高さや空気のつめたさ、葉の揺れる音や木の枝の美しさ、季節の推移や雨の匂いを頭上にひろげていてくれる」。

こんな見事なエッセイを読むと誰もがこの公園に行ってみたくなる。少なくとも、公園がどこか知りたくなる。

謎を解く鍵は「ぶた公園」だろう。どこかで、豚の置物が滑り台や砂場の間に置かれているのを見たことがないだろうか。同じように「うま公園」もあると書いているから、両方をたどっていけば分かりそうだ。

あるいは「犬の散歩」というだけで、ほぼ察しがついたか。東京広しといっても、犬を連れて散歩する人が多いといえば、この公園の右に出るものはないのだから。

そう、それは駒沢公園——正式にいえば、駒沢オリンピック公園である。

正式名称が示すとおり、駒沢公園が（以下、簡略化してこう呼ぶ）現在の姿になったのは一九六四（昭和三九）年東京オリンピックからである。大正の初めころ、農地からゴルフ場に開発され、防空緑地として東京都に買い取られた戦争中を経て、戦後は都立駒沢緑地総合運動場となった。といっても、プロ野球のスタジアムがあるほかは、バレーボールコート、ハンドボール場、ソフトボール場、弓道場などが点在し、残りは赤土のままアマチュア用軟式野球場として使用していたにすぎなかったらしい。

これがオリンピック第二会場として陸上競技場、体育館が建設され、バレーボール、サッカー、ホッケー、レスリングの四種目が行われた。特に日本女子バレーボールが金メダルに輝いたことは有名である。

オリンピックのあとはプール、サイクリングコースなどが加えられ、十二種類の運動施設を持つ現在の姿に整備された。

広さは公園全体で四十万ヘクタールを越え、ジョギング、ウォーキングなどに興ずる人々も多い。特に散歩道は、犬に関心のない人でさえ、注意を払って見てしまうほどだ。オリンピック当時、日本はまだ貧しかったから、こんな風景が日常的になるなんて、誰が予想しただろう。

一九六〇年代は、貧しいながら日一日と生活がよくなっていると人々が信じた、あるいは信じようとして自らを鼓舞した時代だった。それは経済活動だけではなく、都市計画分野でも当てはまり、計画への意欲と信頼が満ち溢れていた。

都市計画を行う障害となっていた土地や予算といった問題が、オリンピックという錦の御旗によって取り除かれた。「プランを描くのはいいが、実現は大変だよ」と同僚に脅かされて担当になった技師が「そんなことはなかった。オリンピックといえば、大体が解決した。地権者も役所内も」と回想するのを聞いたことがある。それは都市計画に携わる者が長年夢見た状況だったのだろう。

成果として、東京は大きく変わった。中央線が高架になり、都心を高速道路が縦横に通り、地下鉄が網の目のようにつながった。代々木の米軍用地ワシントンハイツが返却され、表参道は拡幅されて、おしゃれなブテックが立ち並ぶ街になった。庶民の家でも、トイレが水洗になり、テレビや洗濯機ばかりか、クーラー、自動車も備えつけられた。若い女の子が欧米高級ブランドの衣服や小物を身につけ、日本人の九割が自らを中流だと感じる時代が到来した。

いまから思えば、東京オリンピックとは豊かさへのはじまりであり、駒沢公園はそのころにつくられたのである。

建設というなら、一九九〇年前後も、東京の各所に槌音は鳴り響いたが、最後にもたらされたのが空しく悲惨な結末だったのとは対照的だ。刹那的な利益と快楽を追い求め、長期的な視野やよいものをつくろうという理想を忘れたわれわれ日本人は、バブルがはじけたのちも、未来への指標を見いだせないでいる。

駒沢公園の魅力の秘密は、個々の施設よりも、全体としての構成にあるだろう。

まず人は何といっても、緑のボリュームに驚く。「とにかく広い！」と公園のホームページにあるように、四十ヘクタールという敷地面積は半端ではないし、さまざまな大木、高木、森が連なり、園内各所に設けられた花壇には四季折々の花が咲き誇っている。そして散歩したり、ジョギングしたりする人のなんと多いことか。まさにホームページにあるように「住宅街のなかにあって……子供からお年寄りまで楽しめる緑豊かな公園」に違いない。

公園をめぐるループ状の主要園路から施設が木々の間から見える仕掛けも、緑の森に囲まれていることを実感させる。巨大な樹木が多いが、当時少年だったわたしの記憶では、オリンピック開催時からそうであった。

――既存大公園の植栽に匹敵しうるよう、スケールの小さい植栽を排し、樹木なども巨大なものを使用すること。

というのが設計の基本方針で、最初から樹木が鬱蒼《うっそう》と茂っているように企図されたのである。植栽も均等に植えるのではなく、ある地区に高木を集中させ、緑のマッスを実現させている。そんな芝生広場、休養園地のなかに、第二球技場、補助競技場、硬式野球場などが散在しているわけだ。

「園地エリア」に対し、競技場、体育館など、オリンピック施設が配置されている「広場エリア」の床は、コンクリートで舗装されている。

実はこのエリアが、駒沢公園の正面にあたる。

公園を計画するとき、正面玄関をどこに置くかは設計上最大の問題であった。というのは広さに比べ、補助一二七号線、補助一五四号線などの道路と接する長さが短かったからである。そこで残る補助四九号線（現在の駒沢通り）を直線に改良・拡幅して、接する地区を正面とした。しかも、このままでは敷地が分断されてしまうので、四九号線を五メートルほど下げ、その上に連絡橋を架けてつなげた。「公園」に出てくる「わたし」が夜一人クラリネットやトランペットの音を聴く歩道橋とは、この連絡橋である。

車から降りた人は広い石畳の階段を、約二万平方メートルの中央広場に向かって上っていく。すると五重塔のような形をした管制塔の先端が、階段を上るにつれ徐々に見えてくる。小さな塔が大きな体育館より印象的なのはこのためだ。

広場からは全施設を展望でき、右側に陸上競技場、左側に体育館がある。両施設の間には緑の植え込みを背景にして、管制塔、池、噴水、花壇などが設けられ、競技場周辺には四千平方メートルの大刈り込みなどもあって、コンクリートの固い印象を緩和している。

このように、駒沢公園は、道路、橋といった土木分野、体育館、競技場などの建築分野、そして公園の造園分野という、三つの分野が一つのコンセプトでデザインされているところに特徴がある。

こうした作業を、果たしてなんと呼ぶべきだろうか。

造園だけでもなく、体育館や競技場、道路、橋の設計だけでもない。むしろそれらすべてを含み、全体としてまとめあげるデザイン。専門用語でいうと、アーバンデザイン、ランドスケープアーキテクチュア、景観デザイン……などが思い浮かぶが、それぞれ微妙にニュアンスが異なり、わが国ではいまだ名前も定着していない。公園のデザインだからランドスケープアーキテクチュアが最も適当だと思えるが、施設だけでなく、オリンピック以後の使い方や事業計画なども含まれていたことを思えば、広く都市計画と呼ぶべきかもしれない。

いずれにしろ、駒沢公園のように複数の専門分野がからみあう作業は、スケールがあまりに大きすぎ、起こってくる問題も多岐にわたる。だから、むしろいろいろな分野の専門家が一堂に会し、協同して行っていくことが必要である。

かといって、統一したポリシーがないままでは混乱してしまう。大プロジェクトを実施するには、さまざまな専門家が集合するとともに、一つのコンセプトにまとめ上げるリーダーシップが必要だ。各メンバーが個性を発揮し、自由にプレーしながら、それらをまとめる、ちょうどサッカーのキャプテンのような人が。

そして駒沢公園計画でそうした役割を果たした人が、この物語の主人公、高山英華《たかやまえいか》である。

高山英華は当時、東京大学の都市工学科という、できたばかりの学科の教授だった。建築出身とはいうものの、いわゆるアーキテクトでもエンジニアでもない。彼が実際に描いた図面で残っているのは大学の卒業設計だけ、それも漁村の計画である。

その代わり、東京をはじめとする都市計画関係の多くの委員会で、委員長や委員を務めた。その数は多い。

『高山英華先生年譜』は喜寿を迎えたのを記念して弟子たちが編纂した薄いパンフレットだが、昭和二十二年から昭和六十二年までの四十年間で、国・自治体・学会など公的委員会に携わった回数は百以上に及んでいる。

国土総合開発審議会や防災会議で指導的役割を果たし、高蔵寺、筑波研究学園都市などのニュータウン開発、東京オリンピック、札幌オリンピック、大阪万国博覧会、沖縄海洋博覧会、つくばの国際科学技術博覧会などのイベント施設計画にも携わっている。

文字どおり、戦後日本都市計画の中心人物だった。

おそらく周囲から担がれやすい人だったのであろう。建築学科の初代教授辰野金吾《たつのきんご》をはじめ、東大には歴史上、さまざまのボスが存在するが、高山もまたよい意味でのボスであった。都市計画のように、複数のセクターが対立しがちな分野では、理想論だけをいっても成り立たない。だが、単なる調整だけではよいものはできない。そこに都市計画の難しさがあり、指導力ある委員長が必要となるので、高山はまさに適任者であった。

それは学者としての能力とともに、彼の人間性から培われたリーダーシップによるものであったろう。

だが、おそらくこのように多くの委員長を務めたことが、高山英華の業績と人物像を分かりにくくもさせている。親分肌の反面、照れ屋であったらしく、自伝のようなものは著さなかったし、戦中派のこだわりゆえか、叙勲を強く固辞しつづけた人でもあった。

だから、調べようとしても、唯一の著書といってよい『私の都市工学』と、磯崎新《いそざきあらた》、宮内嘉久《みやうちよしひさ》がそれぞれ行ったインタビュー程度しか、材料は見当たらない。彼の業績をまとめると「さまざまな委員長を務めた人」だけになってしまう恐れさえある。

高山はその「委員長」の役割を見事に果たしつづけた。晩年に描いた絵などを見ると美術的才能がなかったとは思えないが、建築学科出身でありながら、アーキテクトとしてではない道を、人生のどこかで定めたのであろう。そしてむしろ他人に図面を描かせながら、自らは戦後日本の都市計画をリードしていったのである。

しかし、そんな彼でもときには自身でデザインしたいと考えたこともあったのではないだろうか。そしてそれを望みどおりに実現したときが。

結論からいうと、駒沢公園こそ、彼が強い思い入れを持って自ら計画し、実現した数少ない例のように思われる。

駒沢公園の基本計画は一九六一（昭和三十六）年二月に、東京都が高山を中心とした研究会に委託する形ではじまった。研究会メンバーは高山のほか、造園、土木、建築の専門家が加わり、それに東京都の役人も加わっていたようである。

図を描く中心は秀島乾《ひでじまいぬい》という人で、戦前満洲で都市計画に腕を振るい、戦後は日本に帰って渋谷に事務所を開いた。のちに秀島が亡くなったとき、高山英華は彼を「日本で最初のプランナー」と追悼している。

だが、駒沢公園では、秀島だけでなく、高山自身も珍しく手を動かしたらしい。

それは設計というより、もっと前の段階、つまり略図だった。

高山はそうした絵を何度も描き、それを秀島や高山研究室の若手が正確な計画図へと描きなおしていったというのが真相のようである。

他人の図面を審議することに徹していた高山には、珍しい肩の入れようだった。

なぜこれほど駒沢公園に熱心だったのだろうか。

実は、高山英華は学生時代、サッカーの名選手とならし、ベルリン・オリンピックの代表候補にもあげられていた。事情があってベルリンには行けなかったが、そのときの日本チームは優勝候補のスウェーデンを破ったことで有名だ。

よってオリンピックというとき、彼にはサッカーへの思い入れが強くつきまとっていたに違いない。しかも、代々木や国立競技場と違って、駒沢こそサッカーの試合が行われる予定地であった。

単に他人が描いた図面を審議し、意見をまとめるだけでは辛抱できない何かが、彼をとらえていたのだ。

しかも、対象とする駒沢公園の敷地は四十ヘクタール以上に及び、建築、造園、土木といった各専門分野だけではとらえられない都市計画が必要であった。

だから、高山は自分の役割である「委員長」という立場を超え、駒沢公園の「グランドデザイナー」たらんとしたのである。

《駒沢公園はまさに土木と建築と造園とが力をあわせてやればいいものができるというひとつのモデルケースになったのです。僕にとっては都市計画を考える上での理想をはじめて実現化した思い出深いプランです》(『追想』)

と、語っていることからも、駒沢公園が高山英華自身の言葉を借りれば「会心の作」だったことが窺える。

いまも駒沢公園が人々に愛されているのは、こうした高山が心のうちに持っていた熱意と人間性が、各所に刻印され、如実にあらわれているからではないだろうか。

戦後日本の、特に東京の都市計画において、高山英華が果たした役割は大きい。

その多くはやはり委員長を多く務めたということに帰せられる。しかし、駒沢のように調整的役割を超え、自らグランドデザインを描いたことにおいても、評価されるべきだろう。

近代日本の成立後、首都と定められた東京では、今日まで幾人かの有力な「都市計画家」が活躍してきた。維新直後に早くも銀座煉瓦街を実現した東京府知事由利公正《ゆりきみまさ》、市区改正計画をまとめた内務大臣芳川顕正《よしかわあきまさ》、民間の力で田園調布を建設した渋沢栄一《しぶさわえいいち》、関東大震災後の帝都復興事業を指揮した後藤新平《ごとうしんぺい》、そして戦争中から昭和二十年代まで東京の計画を描きつづけた内務省土木技師、のちの東京都建設局長石川栄耀《いしかわひであき》。

彼ら先輩たちと並んで、戦後の高度成長時代においては、都市計画のさまざまな委員長や会長、そして駒沢公園に見るようなグランドデザイナーを務めた事実をもって、高山はまさに「東京の都市計画家」というにふさわしい。

現在の東京は、駒沢公園をはじめとする東京オリンピック施設、中央線沿線の駅前開発計画、多摩ニュータウン、新国立劇場や杉並区の蚕糸《さんし》の森公園などに結実した国有地（筑波移転跡地）処分、そして地区計画制度の創設など、高山の活躍の上になりたっている。その意味は、筑波研究学園都市や大宮ソニックシティなど、広く東京圏での業績を加えれば、さらに明らかになるだろう。

いまや高山英華が東大教授を辞し、都市計画の第一線から離れて、既に三十年近く、そして実際に亡くなってからも十年を経た。その間にも、東京はグローバリゼーション、バブル経済とその破綻、そして二十一世紀と、いまも大きな変貌を経験しつづけている。

「まちづくり」の視点から、自分の住む都市や環境を考えようという市民たちの動きも忘れてはなるまい。

戦後——すなわち二十世紀後半の東京計画とはいかなるものであったのか。それはどこから、どのようにして生まれ、そしていまどこにいこうとしているのか。

わたしたちはいま、その答えを知るために、戦後東京の代表的な都市計画家であった高山英華の生涯と業績を振り返ることとしたい。

第一部

高山英華（前列右端）と内田祥三（同3人目）。
昭和16年ごろ東京帝国大学工学部1号館前にて

1
東京人

《僕は、東京に生まれて、東京で育ちました。そして、おそらく、東京で死ぬでしょう》（『私の都市工学』）

高山英華《たかやまえいか》は、その唯一といってよい著作を、こう始めている。

彼は自らを語ることの少ない人間であった。政府の主催する都市計画関係の委員長を多く務めるようになってからも、自論を展開し積極的に発表することは少なかった。あたかもそうすることを意識的に抑えていたかにも見える。

口数の少なかった人ではない。座談は得意だったし、晩年引退してからの発言はかなり放談調になっている。が、実像を知る資料としては不足だ。

若いころ、サッカーでオリンピック選手候補にまでなったスポーツマン。わが国最初の都市計画の学科として、東京大学に都市工学科を創設。そして具体的には、高蔵寺、筑波などのニュータウン計画、東京と札幌のオリンピック、大阪・沖縄海洋・つくば科学の万国博覧会などに携わった。国土総合開発審議会、東京都総合開発審議会、国有財産中央審議会などの委員、さらには都市計画中央審議会会長も務めるなど、戦後日本の都市計画を高山英華抜きに語ることはできない。

仕事の多くが国家の事業に関するものであったがゆえに、彼の業績を紋切り型に批判する向きもある。学界のボスとか御用学者といった類の見方だ。しかし、それだけの人物ならなぜ勲章を受けなかったのだろうか。おそらくそこには、彼自身の強い否定の意思が示されていたはずである。

今回、高山英華について書こうとして、わたしは多くの門下生の方たちにお目にかかった。それは研究室の出身者だけではなく、私淑していた人を入れると幅広く、学識経験者、高級官僚OBから、市民運動家、都市計画コンサルタント、建築家もいればかつては全共闘活動家だった者もいる。彼らの多くはリタイアする年代になっており、立場も境遇もそれぞれ異なっていたが、異口同音に英華の思い出を懐かしそうに語った。そのとき、誰もが何か明るい表情を浮かべるのにわたしは驚きを禁じ得なかった。

高山英華はそういう不思議な人間である。

冒頭で引用したように、明治四十三（一九一〇）年東京で生まれた彼は予言どおり、東京で育ち、生き、平成十一（一九九九）年に八十九歳の高齢で死んだ。兵役や戦前の中国での出張を除けば、東京から離れて暮らすこともなかった。生まれたのは現在の港区高輪であり、幼年期に明治神宮に近い代々木へと移り、その後父の死によって残された家族は大久保の戸山ヶ原近辺に引っ越した。そして関東大震災の翌年である大正十三（一九二四）年阿佐谷に転居して亡くなるまでの七十余年を過ごしている。

高山英華は「東京人」として生きた。しかも、その東京とは江戸以来の中心地である下町や山手線の内側ではなく、高輪、代々木、大久保、阿佐谷といった、武蔵野の面影を残した郊外を移り住む生活であった。

《こういう生活が、いまでも僕の都市に対する一つの考え方に影響を与えているように思える》

（前掲書）

と、英華自身も書いている。

郊外を移り住んだ理由は、彼の父親が東京出身ではなかったからであろう。しかも、高山家は典型的な中流家庭でありながら、英華が生まれてまもなく、父が亡くなったため、経済的にもあまり裕福ではなかった。

父である高山喜代蔵《きよぞう》は千葉県茂原《もばら》近辺の生まれである。

実家は茂原市と九十九里の間にある長生郡長生村《ちょうせいぐんちょうせいむら》八積《やつみ》の地主だったというから、この地区に長く居住していた旧家だったのであろう。実際、茂原近辺には高山姓が多い。

地主の次男である喜代蔵は若いうちから東京へ出た。長子相続が慣習であった当時からすれば自然だが、それだけでなく、相続には親戚などとひと悶着あったらしい。うまく裁いて兄が相続できるようにしたというから、喜代蔵には子の英華に引き継がれた修繕の才能があったということになる。

上京した喜代蔵は実業学校で学んだのち、宝田《ほうでん》石油株式会社に入社した。宝田石油は新潟県長岡の出身である山田又七《やまだまたしち》によって、明治二十六（一八九三）年に設立された会社である。

《おじさんが重役か何かしていたものですから、そこへ行ったわけです》（「特集：近代日本都市計画史」『都市住宅』一九七六年四月号における対談、以後「磯崎新との対談」と表記）

当時茂原で天然ガスが見つかっていたことを考えると、石油会社への就職は必ずしも突飛ではなく、そうした関連もあったかもしれない。

宝田石油の設立発起人には長岡の石油商人たちが多く名を連ねているが、実質的には山田又七のワンマン会社であった。折からの好景気に乗って会社は躍進し、明治三十五（一九〇二）年には旧長岡城二の丸跡に本社を構えるに至った。

喜代蔵も能力を山田社長に認められ、三十七歳で支配人、三年後の明治四十一年には取締役に任じられている。妻子とともに長岡に住み、英華の四人の兄はいずれも長岡で生まれた。当時の長岡は上越線ができておらず、直江津から人力車で行ったというが、関東の人間からするとまるでシベリアに行くような心持ちだった、と英華はのちに母から聞くことになる。

喜代蔵の顔写真は宝田石油の社史『宝田二十五年史』に見ることができ、髭を生やして立派だが、どこか優しげな印象で下の者にも慕われたに違いない。長岡の名士の人物評をまとめた鷹鸇《ようせん》社同人著『北越名士の半面』にも、酒好きとして紹介されている。

ところが、取締役になった二年後、喜代蔵の名前は忽然と、宝田石油重役名簿から消えてしまう。

これより前、米国スタンダード石油会社、欧州ダッチ・シェル社が日本に進出し、北海道、新潟、秋田などの油田を買収するなど、世界中で繰り広げられている両社の石油採掘シェア争いは日本でも起こりつつあった。危機感を抱いた山田又七は、長岡を中心として残っている弱小石油会社を併呑しようと企てる。それは買収決定や資本増資などには株主総会を開かず、三名の役員でのみ決定できるようにするという、強引な手法であった。

こうして宝田石油は明治三十四（一九〇一）年から明治四十三（一九一〇）年までの九年間で、合計百二十五社を合併、資本金も創立時の一万五千円から千五百万円と千倍になり、日本石油と並ぶわが国の二大石油会社の一つとなった。

だが、強引な拡大政策はいつまでも続かない。日露戦争の終焉とともにやって来た不況で、会社は経費節減の改革に迫られる。銅山事業や横浜支社を廃止し、鉱区を整理して、社員百二十一名を退職させ、膨れ上がっていた各課の統廃合を実施した。

高山喜代蔵が宝田石油を去ったのは、このときである。ちなみに改革は功を奏せず、宝田石油は五年後の大正四（一九一五）年に山田又七が責任をとって社長を辞任、大正九（一九二〇）年日本石油と合併する。

高山喜代蔵はこうした流れのあおりをくらって重役を辞任したことになるが、切り捨てではなかったかもしれない。というのは、退職と前後して欧米歴訪の旅に出ているからである。当時世界的に展開されていた米国スタンダード、欧州ダッチ・シェル社の実勢を欧米で実見した後、独立したいという意志があったのかもしれず、宝田石油の株式を四百五十株持っていたことから、石油鉱区の一部権利を保有していた可能性もある。

旅の途中、喜代蔵は五番目の男の子が生まれた知らせをワシントンで受け取った。米国の首都へ向け、英国を船で出発する直前に父親は生まれた子が男なら、その名前を、「英華」とするよう既に指示していた。「英」国《イギリス》と「華」盛頓《ワシントン》から、各々一字をとったのである。

妻の三亀《みき》ら高山家の人々は既に東京・高輪の新しい家に移っていた。不便な地である長岡に住んでいた身からすれば、高輪は便利な地である。母親の安らかな気持ちは赤ん坊にも伝わるとみえて、生まれたばかりの英華はいつも機嫌がよかった。兄たちと比べ、あまり泣きわめくこともなく、母親やお手伝いたちにも迷惑をかけない。

他人にあたえる好印象と安心感は、英華の物心がつき、ひいては社会に出ても、引き続いて持つ天賦《てんぷ》の性質であった。

明治も終わりに近い高輪は江戸時代からの大名屋敷などがあり、近くの品川は東海道の宿場町の雰囲気を宿していた。

洋行から帰った喜代蔵は英華の顔を見るとともに、住居を代々木に移した。いずれにしろ今後は東京に居を定め、都心に会社を創業して通勤しなければならない。上の子供たちも中学校にあがるほど大きくなって、通学に便利な郊外住宅地を探した結果であったろう。買ったのは、現在の明治神宮宝物殿に近い「わりあいに大きな家」(前掲書)だった、と英華は回想している。

渋谷から代々木に広がる地区は、明治時代に国木田独歩《くにきだどっぽ》が住み、『武蔵野』を書いた地として有名である。現在の井ノ頭通りから渋谷区役所に向かう急な坂の途中に住んでいた独歩は、市中の喧騒に汚されていない武蔵野を愛し、木々と清流に恵まれた土地を日々散歩して心を癒やした。

しかし、英華少年が目の当たりにした代々木は、独歩が二十年前に書いた武蔵野のようすとはかなり違っていた。

当時代々木に住んでいた人物に作家の田山花袋《たやまかたい》がいる。親友国木田独歩を訪ねるうちに、この地に魅せられて移り住んだ花袋は、代々木に起こる「実に夥《おびただ》しい」変遷を見ることになった。

畑と農家しかなかった土地が開発され、瞬く間に高級軍人や会社重役、西洋人の住む洋館、通勤者の住む貸家や駄菓子屋も立ち並ぶというように、市街化されていったのである。

ロシアとの戦いに勝った日本は近代化の成果を内外に示し、首都東京は全国から人の集まる帝都となりつつあった。中央線は電化され、山手線も停まるようになった代々木駅から都心への通勤時間が短縮され、都心では東京駅、丸の内の整備完成が間近い。長くつづいていた市区改正に加えて、鉄道やビジネス街、郊外住宅地など、東京という都市は目に見えて膨張し、変わろうとしていた。

《都会の膨張力は絶えず奥へ奥へと喰い込んで行っている。昔、欅《けやき》の大きな並木があったところに、立派な石造の高い塀が出来たり、瀟洒《しょうしゃ》な二階屋が出来たり、この近所では見ることが出来なかった綺麗なハイカラな細君が可愛い子供を伴れて歩いていたりする。停車場へ通う路には、もとは田圃であったところに、新開の町屋がつづいて出来て、毎朝役所に通う人達が洋服姿でぞろぞろと通っていく。何でも代々木の停車場の昇降者は今では毎日二千人を下らないで、客の多いことでは全国の駅中五、六番目だという話である》（田山花袋『東京近郊一日の行楽』）

花袋が感じた驚きは、のちに高山英華が都市計画家として解決を要請される問題にほかならない。二十世紀の間じゅう、東京は膨張し、拡大し、変化しつづけたが、それは花袋が住み、高山家が移ってきた大正初めごろの代々木で、既に始まっていたのである。

いまや郊外住宅地となった代々木には、多くの新しい市民とその家族が居住している。父親は「洋服姿でぞろぞろと」通勤し、家では「綺麗なハイカラな細君」と「可愛い子供」たちが住んでいる。花袋の見た風景は高山家の姿でもあったろう。

時代は近代日本の成長とともに希望に燃えて、成長していく。長兄の正彦《まさひこ》が神田の正則《せいそく》学校、次兄の峻《たかし》が暁星《ぎょうせい》へと進んだ。そんななかで英華少年も千駄谷小学校に入り、よく遊び、飛び回っていた。

《当時の代々木はまだ郊外で、明治神宮の造営工事が始まったばかりで、代々木の練兵場などは、ぼくの格好の遊び場でした。小学校は千駄ヶ谷にあり、毎日遊び回っていました》（『私の都市工学』）

代々木練兵場は、青山にあった練兵場（現在の神宮外苑）が、明治四十二（一九〇九）年に移ってきたものである。代々木が市街地に変わっていくなか、この練兵場だけが独歩時代の面影をとどめ、遠くまで木々がつづく武蔵野の風景が残っていた。東京という都会にのみ込まれながら都心ではない、かといってもはや田舎でもない。都会と田舎が交ざり合った「郊外」であった。

この練兵場で少年はよく遊んだ。凧揚げをして一日を費やしたこともある。小さいころから屈託のない子であった。

こうした体験が後年、サッカーで日本の代表的選手になるという素養を培ったのであろう。また都市計画家としての視点、考え方の素地ともなったはずである。

代々木練兵場はのちに、東京オリンピックの選手村として使われる。その計画に高山は携わるのだが、小学生になったばかりの少年には知る由もない。

代々木での幸せな暮らしは、喜代蔵の突然の死によって、幕を閉じた。

死因は明らかではない。ただ、残っているのは、英華が千駄谷小学校に入ったこの年に、高山家が持っていた株をすべて売却したという宝田石油の営業記録と、翌年大久保百人町の借家に移ったという英華の回想のみである。

《おやじが小学校一年のときに死んじゃって、金がなくなったものだから、おふくろ一人で男五人育てたわけですから、苦労したんでしょう。家を売って、新大久保駅のそばの借家に移ったんです》（磯崎新との対談）

大久保も当時は郊外だが、代々木ほどランクは高くない。夏目漱石が『三四郎』で「物騒」と書き、貧しい女が鉄道自殺をする設定の土地である。

明治三十八（一九〇五）年すなわち高山家が越してくる十二年前、田山花袋が大久保を訪ねてみると、島崎藤村はもろ肌脱ぎになって『破戒』の執筆に取り組んでいたが、妻と三人の子供を連れたその生活は困窮していた。信州から上京したわずか一年間に、三人の幼い娘は栄養失調で相次いで亡くなり、妻は夜盲症で目が見えない。新大久保駅に近い長光寺に、藤村はそうした悲しい母子四人を、うち三人の娘は書籍を入れるのに使っていた茶箱を棺として葬ることになる。

高山家は藤村ほどの赤貧ではなかったろう。しかし、大学を出るまでの英華が豊かではあったとは思えない。資産を売り食いしながら、母は五人の男の子に教育を身につけさせ、育てなければならなかった。末っ子の英華は可愛がられはしただろうが、割を食うこともあったろう。

彼は毎日、町の中を駆け回って遊んだ。落合まで行って神田川で魚をとり、畑では農家の目を盗んで胡瓜《きゅうり》をとって食べたりもした。毎日はだしのまま砂利の道を歩き、靴下など履いたことがなかった。当時の日本からみれば庶民の生活であり、洋服を着てくる子はクラスで二、三名しかいない。だが、洋行の経験もある父が生きていれば、英華はその二、三名の一人のはずだった。

少年はなお明るく、元気である。負の面を明るい方向に転じてしまう性格を、彼は生まれながらに持っている。いまだ幼く、家の事情などをどこまで理解できていたかは別として、萎縮せず、活発であった。幼いころは病弱で甘えん坊だったが、次第に丈夫で強くなった、と述懐しているのはこの時分からであろう。

そんな英華にとって格好の遊び場があった。

戸山ヶ原の練兵場である。

そこで英華少年は朝から晩まで凧揚げをやったり、木登りに明け暮れた。小学校でリレーの選手になり、柔道もやり、運動には自信がある。勉強よりも、そちらのほうが得意だった。

《純粋に都市の真ん中で育ったわけじゃないから》（磯崎新との対談）

少年時代をこう回想した言葉は印象的である。都市の真ん中とは、日本橋、浅草といった江戸以来の市街地のことだろう。そういった都心に住む人々は江戸っ子であり、古い歴史と文化のなかで生活している。

明治になって、市街地周囲に新しい住宅地として「山の手」ができた。神田、本郷など、かつて武家屋敷があった地区である。他方、英華少年の育った代々木や大久保は、その「山の手」のさらに外側、具体的には山手線の外側にあった。できたばかりの郊外住宅地であり、「新開地」である。なかには代々木のように洗練され、やがて新しい「山の手」と呼ばれていくところもあれば、大久保のようにさほど豊かではない「新開地」もあった。

渋谷で武蔵野の自然を楽しんだ後、肺の病を得た国木田独歩が流れ着いたのも、この西大久保の地である。訪ねてきた田山花袋に、独歩は青空を見上げながら、こう言って涙する。

《「君、僕は今日つくづく死ということを考えたよ。夭死も長寿も五十歩百歩だ。これから五十年後には、君だって、この世の中にいないんだからな」》（田山花袋『東京の三十年』）

不遇への悲嘆。近づきつつある死への恐怖。このあと茅ヶ崎の療養所に移って、独歩は病死する。英華は大久保が「文士の多く住む地区だった」と回想しているが、それは藤村といい、独歩といい、貧困と不運、悲しみがこめられた地でもあった。

「山の手」と「新開地」の差を英華少年が感ずるようになったのは、大正十二（一九二三）年、彼が東京高等師範学校附属中学校（現・筑波大学附属高校）に入ってからかもしれない。

高山家では長男が神田正則、次男が暁星、三男龍男《たつお》が四中（現・都立戸山高校）、四男重嶺《しげね》が五中（現・都立小石川高校）に入っていた。男の兄弟なので、いずれも兄とは別のところに進みたいと主張し、こういう結果になったのである。英華少年も同じ気持ちを持っていたが、五番目だと選択も限られてくる。

《その五中へ行った兄貴が附属の先生を知っていて、「附属中学を受けてみろ」と言ったので、やみくもに勉強をして入学試験を受けに行ったわけなんです。大塚へひとりで。様子が分からなくて困ったんだけれども、見に行ったら入っていたんだな》（磯崎新との対談）

大塚は山手線の内側にあり、「山の手」の小石川や本郷に近いが、池袋、大久保といった「新開地」にも接する。名門の高等師範附属中学校には両方の地区から生徒たちがやって来ていて、その格差を大久保から通学していた英華少年は感じたであろう。何しろ、英華が受験する前の年までは受験科目に英語があったというのだから、ごく限られた家からしか入学することのできないエリート校だったのである。

たとえば、英華の同期には、西園寺公望《さいおんじきんもち》の孫である西園寺不二男《さいおんじふじお》（のち西園寺家第三十七代当主）、鳩山一郎《はとやまいちろう》の甥である鳩山道夫《はとやまみちお》（のち芝浦工業大学学長）、中国文学者で帝大教授の宇野哲人《うのてつと》の息子である宇野精一《うのせいいち》（のち東京大学教授、儒学研究者）などがいる（『東京高等師範学校附属中学校一覧・大正十四年度版』）。

だが、そうした校風は英華を気弱なコンプレックスには陥れなかった。もともと、うじうじするのは大嫌いな性分だ。お屋敷町と比べると、大久保は場末かもしれないが、練兵場という原っぱがある。そこで自分は思いっきり遊べ、走り回ることができる。都心は行けば行くほど、ごみごみして息苦しい。やっぱり、緑や自然がないと、人間は生きていけない。家も人も詰まったところは嫌だ。

そういった東京への見方は高山英華に終生つづいた。彼は実に多くの委員長を務めたが、その仕事の多くは東京に田園を残し、公園を設けることに注がれたからである。

しかし、いまは話を急ぎすぎた。もう少し、中学校に進学した英華少年をたどることとしよう。

附属中学校への進学は兄の勧めがあったというが、理由には勉強の成績のほかに、運動があったのではないだろうか。

というのは、入学した高山英華はここで蹴球《しゅうきゅう》、いまのサッカーと出会うからである。附属中学の上部校である東京高等師範学校は、わが国にサッカーを初めて本格的に導入した学校として知られる。

すなわち明治三十八年に高等師範学校に赴任した英国人デハビランドが、それまで単なるボール蹴りとしか認識されていなかったサッカーを、「アッソシエーションフットボール」として学生たちに教えた。フットボールの前に「アッソシエーション」と付いているのは、ラグビーと区別をつけてのことであり、以来サッカーは戦前において「ア式蹴球」と呼ばれつづけ、今日でも東大や早大の部の名称として残っている。

東京高師チームは横浜居留外国人チームと戦って競技経験を深め、大正六（一九一七）年東京で極東大会が開かれたときには日本代表となった。サッカーの普及はこの東京高等師範学校が附属の中学校で教え、その中学生が旧制高校、帝大、早慶などの大学に進学し、あるいは東京高師の卒業生が教師として関西や静岡、広島など、全国の中学校で教えることなどによって、日本中に広がっていく。

附属中でもサッカーは校技とされ、大正八（一九一九）年には高校や大学に伍して、第二回関東蹴球大会にも出場したほどである。

のちにベルリン・オリンピックの日本チーム監督となった鈴木重義《すずきしげよし》をはじめ、戦前から戦後にかけての有力選手には附属中出身者が少なくない。大正十四年、極東大会の対フィリピン戦で、日本が国際試合初勝利をあげたとき、選手イレブンのうち五名が附属中出身者であったという。

当時日本の学校では体操というと、剣道、柔道など武術が優勢だった。そんななかでサッカーが普及していったのは、西洋くささ、モダンさが、都会の少年たちの心をとらえたからであろう。

戸山ヶ原では時折サッカーも行われていたというから、英華少年はそこで既にサッカーを見ていたのかもしれない。

いつも原っぱをはだしで走り回っている弟。それでいて頭も悪くなさそうだ。お前なら附属中学へ行けるぞ。そうして代々木や戸山の練兵場を駆け回ったように、思う存分グラウンドで球を蹴りつづけろ。兄はそう言って、東京高師附属中学校の受験を勧めたのではなかったろうか。

そうして今年から入学試験に英語がなくなったこともあり、英華は合格できたわけである。

最初の学期が終わった少年は、残りの夏休みを千葉九十九里の親戚の家で毎日水泳をして過ごした。彼の人生には苦しくても、常に力強さと幸運がつきまとう。そんな英華が秋の新学期のため、久しぶりに大久保の家に戻ってきたとき、サッカーと同じく、彼の生涯を決める事件に遭遇する。

ときに大正十二（一九二三）年九月一日であった。

その日英華は朝早く起きて学校に行った。

新学期の最初の日は始業式だけなので、午前中のうちに家へ帰る。昼飯のお膳が用意されていたが、母親の姿は見えなかった。

昨年結婚した長兄は隣に家を借りている。女の赤ん坊が生まれたばかりで、兄嫁はいまだ床に伏せっているので、母は心配になって出かけたのだろう。そう思っていると、五中に行っている兄の重嶺も帰ってきて、二人は昼食を食べはじめた。

そのときである。

突然恐ろしい響きがし、大地が発狂したような激しさで揺れはじめた。最近小さな地震がつづいていたが、こんな大きなのは初めてだ。兄弟は慌てて縁側からはだしのまま庭に下りるが、とても立っていられない。土地が上下、前後、左右へと複雑に揺れて、まるで暴風雨に襲われた船の甲板のようになった。

屋根の瓦が落ち、赤ん坊の泣き叫ぶ声がする。英華は兄と顔を見合わせた。隣は長兄が勤めに出ているから、母親と兄嫁と生まれたばかりの赤ん坊しかいない。

女たちを助けねばと思って、兄弟は隣家に駆けつけた。そこへ余震がきて、英華は思いきり地面にたたきつけられた。

ようやく這って母たちのところに着くと、家が傾いている。しかし、女たちは部屋の片隅に寄り固まっていて、無事であった。

「英華、お前はいったい何を持っているんだい」

逆に母が呆れたような顔をした。気がついてみると右手にしっかりと茶碗を握っている。さっきまで飯を食べていて、そのまま飛び出したからであろう。さすがに中の米粒はどこかに吹き飛んでしまって空《から》だ。

「英華はばかだねえ」

母だけでなく、兄嫁もくすりと笑う。英華も照れて頭をかいたので、雰囲気がほぐれた。

近所の人たちも外に飛びだしている。何度も余震がやって来るので、戸山ヶ原に避難しようということになった。あそこなら広くて安全だろう。

「義姉さんはどうします」

「まだ起きて歩けやしないから、お前たちで戸板に乗せて運んでやっておくれ」

母に言われて、英華たちはそうした。

目的地に着いてみると、もうかなりの人が集まっている。火事の煙は見えないが、早稲田大学や日本女子大学校からは一時出火したらしい。が、それもすぐ消し止められたとのことだ。

余震が続き、人々がさらに避難してくる。四兄が家に戻って、ほかの兄たちを連れてきた。長兄も勤め先で地震に遭い、歩いて大久保にたどり着いた。そこで弟の重嶺と会い、家族と対面することができたのである。

夕飯のために、母が家に戻って握り飯をつくってきたが、途中で噂を聞いたらしく、心配そうな顔をしていった。

「朝鮮の人たちが暴動を起こしているそうだよ」

「まさか」

英華たちは即座に否定した。予測不能の災害が起こった直後に、群れをなして行動など起こせるはずがない。

「でも、井戸に毒を入れて回っているって」

それは大変だ。さっきまで信じていなかった噂が、突然現実的な不安に逆転する。何しろ飲み水に毒が投げ込まれたらひとたまりもない。聞いてみると、周囲の人たちの多くは既に知っていて、軍隊が出動したとか、警官から聞いたという者もいた。

「あれをご覧」

誰かが指すと日暮れの空に、積乱雲が真っ赤になっている。下町が焼けて火の海になっているのが照らし出されていて、まるで地獄の業火のようだ。暴動の話を聞いたばかりなので、人々の不安はさらに増した。

結局戸山ヶ原にいたほうがいいということになり、英華はその夜、真っ赤な積乱雲が黒一色に変わる夜明けまで、ずっと燃えている方向に目をやったまま、一睡もしなかった。

東京は三日間焼けつづけた。四日目に兄と連れ立って、二人の学校のあるほうに行ってみると、小石川から先は一面焼け野原である。丘に上るとこんなにも海が近かったのかと思うほど、東京湾が間近に見えた。道路では電線が焼け落ちたまま、いまだ熱気を保っている。あちこちに焼けた死体がころがり、川に浮かんでいる。三日前の地震が本当だったのだと改めて思われて、恐怖と安堵が綯《な》い交ぜの複雑な気持ちになった。

英華の世代の人々にとって、この地震は強烈な体験として残った。

附属中と帝大でア式蹴球部の先輩だった中島健蔵《なかじまけんぞう》は、地震が起きたとき東京郊外駒沢村の自宅にいた。家は被害がなかったので、小石川の親類を見舞うため、二日目に隣家のT型フォードに乗せてもらい、都心まで出た。しかし、そこで中島が見たのは「朝鮮人の暴動を警戒せよ」という張り紙であり、その朝鮮人に殴る蹴るの暴行を加えている日本人「自警団」の姿であった。

昭和という時代を振り返るとき、中島は常にこのときの体験を思い出すと書いている。それはまさに、敗戦までつづく悲惨さの「いまわしい序曲」（『昭和時代』）だったのだ。

高山英華もまた、関東大震災について、

《東京の下町の空があかあかと夜通し燃え続けているのをはっきりと覚えている。朝鮮人事件や大杉栄事件も記憶に残っている》（『追想』）

と、書いている。震災直後に起こった流言飛語により、東京各地では自警団が組織された。彼らは日本刀、銃、竹槍、棍棒などで武装し、朝鮮人を探し出すことに狂奔し、容赦なく暴力を加えたのち、ときに殺害さえした。被害者のなかには、怯えて答えられなかったり、地方出身で訛りのある日本人も含まれていたという。

英華少年もそうした場面を目撃したのであろう。日常は平凡な生活を送っている一般人が暴徒と化すさまは少年にとって、強烈な記憶として残った。

近くに住む社会主義者の大杉栄とその内妻、幼い甥の三人が、いわれもなく殺されるという事件にも衝撃を受けたろう。

のちに高山英華は東京帝国大学建築学科に進んで、都市計画を専攻する。彼と同世代の建築学者のなかには、震災体験で専攻を決めたとする者が少なくない。英華の恩師内田祥三《うちだよしかず》が都市計画に興味を持つようになるのも、防災からである。

英華にも、同様の理由があったに違いない。同時に、彼は震災体験を語るとき、朝鮮の人々や大杉栄などの虐殺といった社会的事件を、必ず触れている。平和でリベラルな大正デモクラシーの時代は終わり、国家も国民も愚かしさのなかに巻き込まれていく時代のはじまり、つまり「いまわしい序曲」。スポーツマンで正義感の強い少年が衝撃を受けたのは、震災や火事といった天災とともに、直後に起こった人間の愚行であった。そして、これがのちの英華の関心を、社会へと向けさせていくことになるのである。

2
ア式蹴球部

関東大震災の被害は家が傾いたくらいで済み、高山英華は再び電車で学校に通いだした。運動もやったし、勉強もした。勉強も学校の試験用だけでなく、もっと広い範囲での教養というべきものだった。ガリ勉をさせない校風ということもあったし、高師附属中の教師の質が高かったのだろう。

たとえば英語の教師は岡倉由三郎《おかくらよしさぶろう》――有名な美学者岡倉天心《おかくらてんしん》の弟である。東京高等師範学校教授であり、NHKラジオ英語講座の初代講師、昭和に入ってからは研究社『大英和辞典』を完成させるなど、英語教育の第一人者だった。訳読を中心とした従来の日本の英語教育に批判的な岡倉は、英語を初めて学ぶ生徒を教えたいと、中学校にわざわざ出向いていた。

高師附属中では、小学校からあがってきた生徒は既に英語を学んでいる。英華のように外から来た者は初心者で、当然岡倉由三郎に習うこととなった。

「藤田嗣治《ふじたつぐはる》や永井荷風《ながいかふう》も、君たちの先輩です」

授業中の雑談で、岡倉先生にそう教えられても、英華は藤田も荷風も知らない。スポーツに明け暮れているからだが、教養的な事柄を身につけなければと反省した。試験に出る知識とは別でも、だからこそ知らないことは恥のように思える。

絵は好きだった。小学校のときに、友達の兄さんで絵の好きな人がいて、ときどき水彩のスケッチ旅行などに行ったりしていたからである。この美術愛好は、英華が年齢を重ねてからも水墨画を描く趣味といった形でつづく。

「そんなに絵が好きなら、英華は建築家になったらいいんじゃないか」

時折訪ねてきてくれる母方の伯父から、そう言われた。

「伯父さんは建築家になりたかった。しかし、造船がいいと周囲に言われてね。お国のためになるし、給料もいいので、そうしたわけだが、後で考えてみると、やはり建築に進めばよかった。何といっても芸術だからな」

いまでも優等生然とした伯父と比べると、英華は勉強の成績は飛びぬけてというほどではない。誰も建築より造船に進めなどとは言わないだろう。船と違って、建築なら国中あちこちの現場を飛び回れる。

英華の前では帝都震災復興事業が着実に進行していた。地震で破壊された東京を建て直そうと、内務大臣の後藤新平が自ら総裁に就任した帝都復興院が設立され、道路や区画整理、小学校、公園、集合住宅などの建設工事で東京は変わりつつあった。ときどき友達の家に遊びに小石川や神田などへ足を運ぶと、一面焼け野原だったのが嘘のように新しい家が立ち並び、道路ができあがっている。

後藤は震災復興を機に念願の東京改造を行おうと、江東、墨田を出発点とする大環状道路を池袋や大久保、新宿、渋谷まで延ばそうとしていた。また、同潤会《どうじゅんかい》を設立し、鉄筋コンクリート造のアパートメントを青山、渋谷、江戸川などに建て、さらには英華の通う高師附属中の近くである大塚に独身女性専用の住宅寮まで建てる計画もあった。

中学に通う途中で見た帝都復興事業に英華は大きな驚きを感じ、建築や都市計画に興味を持っていく。

父のいない境遇では、自分がしっかりして、きちんとした職に就かなければならないと子供心にも思っていた。

五人兄弟のうち、十一歳上の長兄正彦は既に社会に出ていた。次兄の峻は八歳上だが、高山家が景気の良かったころに暁星中から一高へ進み、東京帝国大学でフランス哲学を専攻したものの、卒業後も就職のあてがない。

たとえ芸術や文学が好きであっても、峻兄貴のようにはいかないと下の三人は思った。

三兄の龍男は峻と二歳しか違わないが、意識に大きな差がある。父が死んでから旧制中学を卒業し、夜に星を見ることが好きで天文学志望だったが、授業料のいらない海軍兵学校へと進む。

四兄重嶺は五中を出て、月謝の安い水産講習所（現・東京海洋大学）へ入った。（末っ子の俺は理科系の科目が比較的得意だから、就職にいい工学部——やっぱり、伯父さんの言っている建築かな）

そんなことを思っていると、海兵に入ったばかりの三番目の兄龍男が戻ってきた。訓練が厳しすぎて身体をこわし、肺病にかかったのである。

龍男は五人の兄弟のなかで一番成績が優秀だった。しかし、結核は当時「死に至る病」と呼ばれ、生きて回復するのは難しいとされている。母は一家で阿佐谷に越すことを決意した。

療養の地として阿佐谷を選ぶことは、現在の中央線沿線のイメージしかないわれわれには想像し難い。だが、当時は樹木も多く、空気のいい健康的な地として、メソジスト派キリスト教が教会と救世軍病院をつくり、病院の主たる活動は結核患者の診察と療養だった。牧師たちはエマソンやホーソーンが住み、小説『若草物語』の舞台となったボストン郊外のコンコードという小さな町に見立てていたという（川本三郎『郊外の文学誌』）。

阿佐谷は大正リベラリズムのなかで、インテリが憧れた「健康な田園」だったのである。

中央線の駅ができたばかりでもあった。それまで中野駅の次は荻窪駅だったのが、ようやく地元住民の要望によって、高円寺、阿佐ヶ谷の二駅が開設されていた。

それまでの阿佐谷は竹薮や杉林ばかりが茂っていて、地元が鉄道院に陳情に行っても、「狐や狸は電車に乗らない」と一蹴されるだけであった。代議士の古谷久綱《ふるやひさつな》に口添えしてもらい、地主たちが土地を無償で提供して、現在のところに阿佐ヶ谷駅ができたと、高山家と同じころ、早稲田から杉並に越してきた井伏鱒二《いぶせますじ》が『荻窪風土記』に書いている。

高山英華の記憶でも、震災の翌年、移り住んだばかりの阿佐谷は「駅前に二、三軒の店があるだけ」(『私の都市工学』)で、「雪が降ると真っすぐに、畑を突っ切って家に帰り」、付近に小川が流れ、ホタルが飛ぶ田園であった。

しかし、牧歌的風景は数年のうちに失われ、狐や狸が出るような田舎から、新しい人々が住む郊外住宅地へと変わっていく。

関東大震災の後、東京は急速に拡大した。都心に鉄骨や鉄筋コンクリート造の「ビルヂング」が建てられ、ブルジョワジーは麻布などに洋館が立ち並ぶ「お屋敷町」を形成することによって、東京の旧市街地の街並みを日々西洋化していった。

中堅サラリーマンや医師、弁護士、あるいは芸術家たちは「お屋敷町」に住む経済力はない。同潤会の「アパートメント」が醸し出す文化的生活は魅力的だが、競争率が激しく、入居は難しかった。そこで文化的なわりには、地価や家賃が安い郊外住宅地として、プチブルジョワ層が選んだのが杉並や世田谷だったのである。

これこそ母に引っ越しを決意させた最大の理由であったろう。高山家は喜代蔵という家長を失い、将来への経済的不安を持っていた。節約のために越した大久保で大地震を経験し三男が結核にかかって戻ってきたとき、母は息子を養生させる必要を感じた。しかも、このころ高山家は昨年生まれたばかりの長男の娘、つまり母にとっては初孫を失っている。失意の母は三男をはじめ、残りの息子たちともう一度絆を強め、喜代蔵と代々木で暮らしていたころのような家庭――父と離れた母と子たちが仲良く暮らす『若草物語』のような幸せな家庭――を、阿佐谷の地でつくりあげたいと思っていたに違いない。

《住人は、文士、画家、退役軍人、中流サラリーマンなどが主で、なんとなく牧歌的雰囲気がただよっていた。隣家には、画の横井礼市《よこいれいいし》、文の岸田國士《きしだくにお》などの人がいました》（前掲書）

画家の家が多いというのも中央線沿線の郊外住宅地の特色である。画家は広いアトリエを必要とする。燦々と注ぎ込む太陽光線が期待できるのも、原っぱの多い当時の杉並の利点だった。

《こうして、僕の東京での生活は、下町と違って、武蔵野の面影を残した郊外から郊外へと移ったことになる》（前掲書）

それがやがて東京の都市計画家となる、高山英華の原風景だった。

郊外居住と並んで、若い英華に大きな影響を与えたものにサッカーがある。

サッカーがわが国で発展するに際し、東京高等師範学校が指導的役割を果たし、附属中学校においても校技であったことは既に述べた。

大正九（一九二〇）年からは「関東蹴球大会」にほぼ毎年参加しているが、これは師範学校や高等学校など、上級高が主に出場する大会で、附属中のレベルがいかに高かったことが分かる。

《ぼくは、はじめ附属でフットボールをやってたんだ。その当時高等師範が強かったものだから、三年か四年のときに全国中等部学校選手権かなんか取ったんだ》（『都市の領域―高山英華の仕事』、以下「宮内嘉久との対談」と表記）

だが、現在年末から一月にかけて東京国立競技場で行われている「全国高等学校サッカー選手権大会」の前身である「全日本中等学校蹴球大会」の優勝校リストに、東京高師附属中の名は一度も見当たらない。英華が中学生だった大正末期から昭和初期の優勝校は御影師範、神戸一中といった関西勢がほとんどである。

実は「全日本中等学校蹴球大会」は大阪毎日新聞が主催し、大阪府の豊中グラウンドや阪神甲子園球場などを会場として、関西地区の中学、師範学校を中心に行われていた。大正十四年度に東京から暁星が参加したものの、文字どおりの全国大会になるには至っていなかったのである。

では、高山が優勝したという「全国中等部学校選手権かなんか」とはなんだろうか。

結論からいうと、当時中学校サッカー界には、もう一つ重要な大会があった。「中等学校ア式蹴球大会」といい、「全国中等学校蹴球大会」が関西中心であるのに対し、東京高等師範学校が主催し、高師グラウンドなどで実施されていた関東中心の大会である。

そしてこの「中等学校ア式蹴球大会」において、附属中は大正十四年から昭和四年まで、五連覇を成し遂げているのだ。

『附属中学サッカーのあゆみ』に掲載されている大正十四年の優勝記念写真を見ると、選手には高山英華や、先輩の中島健蔵の顔が見える。翌大正十五年の第三回「中等学校ア式蹴球大会」でも附属中は決勝で成城高を六対一で圧倒し、高山は後半十二分にシュートをあげている。

青春時代の体験は大きな影響を人生に与える。師や友、本、スポーツとのさまざまな形での出会い——それらは人が生きる方向を定め、ものを見る洞察力や苦難に立ち向かう強い心を養ってくれる。大学時代サッカー選手として英華のライバルとなり、ベルリン・オリンピックに出場した早稲田の堀江忠男《ほりえただお》は次のように書いているほどだ。

《サッカーは私にとって切っても切れないものだ。サッカーという泉から、うれしさが身体のなかにしみこんでしまったほどのもの、厳しくて私の人生態度の支柱となったもの、さらに、学問の研究とも相通ずる根本的な思考の方法までわき上がり、流れ出してきた。私の人間形成は、サッカーを抜きにしてないといってよい》(『わが青春のサッカー』)

やがて早大で経済学を講じながら、ア式蹴球部部長・監督を務めた堀江と、やはり母校教授でア式蹴球部部長となり、七十歳代までプレーしつづけた高山。二人のなかには、共通するサッカーへの熱い思いが流れていたに違いない。

都市計画の作業を団体としてとらえれば、そこで発揮された高山の無類のリーダーシップも、サッカーに原点が求められそうである。

当時サッカーが与えるイメージはモダンであり、都会的インテリのスポーツであった。堀江忠男は大学時代、朝下宿で『資本論』を読み、午後サッカーの練習に出かけたというし、チームメートの加茂健《かもたけし》は小学校時代からピアノを習い、オリンピックに出たベルリンではショパンの楽譜を買い集め、日本へ帰る船内で、プレリュードやワルツを毎日弾いていたという。

サッカーとマルキシズムやクラシック音楽という、一見関係のなさそうなものが西洋への憧憬として、若い学生たちの心をお互い矛盾しあうことなく占めていたのである。


昭和二年、高師附属中は「中等学校ア式蹴球大会」に三連覇しているが、このとき五年生だった高山英華の名は出場選手リストに見当たらない。

《四年のときの決勝戦で胸を蹴られて、一年ぐらい入院して休んでいた》（磯崎新との対談）

つまり、けがを養生するため、出場できなかったのである。足を使うだけのサッカーで胸を蹴られるというのは相当なラフプレーを受けたようだ。

《チームのキャプテンのお父さんが東大物療内科の眞鍋教授だったので診てもらったのがきっかけで眞鍋先生とのお付き合いがはじまりました》（「日本温泉協会と雑誌『温泉』」『温泉』一九九七年第七〇〇号）

ここでいう眞鍋教授とは眞鍋嘉一郎《まなべかいちろう》、東京帝国大学に物療内科を創設して、初代教授となった人物である。物療内科は眞鍋がドイツ留学で研究した、物理的な方法により治療を行う手法のことで、機械的な力を利用する運動療法・マッサージや、電気療法・光線療法・温泉療法などを含む。

眞鍋嘉一郎は松山中学時代に夏目漱石から英語を学び、のちに主治医となった。漱石の日記には眞鍋の名がよく登場し、その臨終にも立ち会っている。

そういう眞鍋教授の治療を受けながら、英華はリハビリに励んだ。

旧制中学では四年から高校に進学することができる。家の経済情勢を考えれば、受験したいところだが、英華はやむを得ず中学五年にとどまった。

「もう、危ないサッカーはやめておくれ」

と、母親にも厳命された。このころ、高山家では三男の龍男を肺結核で失っている。わざわざ療養させるために阿佐谷に越したものの、その甲斐はなかったわけである。二年前に孫娘も失っただけに、三亀の心は神経質になっていた。阿佐谷で幸せな家庭を築き、息子たちを立派に育てあげることが使命だと信じていたのに、末っ子の英華までけがを負ってはかなわない。

「お前はお調子者すぎます」

末っ子なので甘やかしたからだろうか。気がついてみると、いつもどこに行ったのか見つからない。正彦、峻、龍男と上の三人は小さいころからおとなしかったのに、英華は飛び回ってばかりいる。だからいつもけがばかりだ。

「分かりました」

骨折したから、回復にまでは数か月ほどかかるし、当面運動もできない。これを機会に少し勉強しよう、と英華は思った。それに兄たちにばかり目がいっているように思えた母親が、自分のことも心配してくれているのが、少しうれしくもあった。

だが、療養でできた時間が試験勉強に向かわないところが難しい。

スポーツをしながら、英華は自分の教養のなさが気にかかってきていた。眞鍋先生に治療を受けていると、

「夏目漱石の主治医じゃないか」

と、同級生に言われる。だが、漱石の名ぐらいは知っているものの、小説となると一冊も読んだことがないのだ。恥ずかしくなって、次兄の書棚から『坊ちゃん』という本を開いてみる。薄いので、小説が苦手な自分でも少しは読めるだろう。

読んでみると、なかなか面白かった。

(俺みたいなやつだな)

直情径行な慌て者で損ばかりしている主人公。気障《きざ》な人間は大嫌いで、すぐ行動に移してしまう軽率さは、確かに英華に似ていた。

以後、次兄の蔵書をのぞいては、ときどき小説も読むようになった。

その次兄峻の友人から、英華は演劇や映画といった芸術の分野に目を開かれる。

友人の名は村山知義《むらやまともよし》。峻の一高時代からの友人であった。

二人はともに東京帝国大学文学部哲学科に進んだが、村山は大学一年でドイツへと留学した。

そして英華が療養していたころ、一年ぶりに帰国したばかりだったのである。

当時のベルリンは、表現派、構成派、未来派、立体派、そしてダダイズムといった前衛芸術が渦巻いていた。革命的高揚で、美術、演劇、舞踊、文学、建築など、多様な芸術が花開くさまを見た村山は帰国すると、水を得た魚のように自己の才能を開花させる。

帰ったばかりで「構成派と触覚主義―ドイツ美術界の新傾向」という論文を、読売新聞に発表、仲間たちとマヴォという名の前衛美術団体を結成し、浅草伝法院《あさくさでんぽういん》の大本堂で第一回展覧会を開催、機関誌『Ｍａｖｏ』を創刊というように、その活躍は目覚しかった。

兄を訪ねて来る村山に、英華は大きな刺激を受けた。もともと絵が好きだから、文学よりも、視覚的なものにひかれやすい。村山がドイツから持ち込んだ前衛芸術には素直に驚いた。

「芸術の終局は建築に行き着くね」

という彼の言葉に、はっとしたりもした。上野で行われた帝都復興創案展覧会で、村山が提案した二メートル四方の都市計画案模型とデッサンを見たばかりだったからである。震災復興が進む神田、日本橋、銀座など、都心繁華街で珍奇なデザインのバー、カフェ、食堂、文房具店、理髪店なども村山知義は設計していた。

「ぼくはいろいろやっているが、一番なりたいのは建築家だ。しかし、力学を勉強していないから無理だね。結局は科学的裏付けのない、思いつきだと批判されてしまう」

村山の残念そうな顔を見て、英華は先日市ヶ谷まで、わざわざ見に行った奇妙な形の建築を思い出した。

それは作家吉行エイスケの妻あぐりが開いた美容院を、村山が設計したものである。平面は三角形の三階建てで、頂点の角は上から下まで、窓ガラスも含めて、丸くカーブしている。入り口横のショーケースを兼ねた窓は長い楕円形で斜めにつき、木造モルタルの壁はエメラルドグリーンに塗られていた。

デザインは奇抜だが、耐震性は疑問だ。構造計算もしてはいまい。

しかし、建物の形態には大きな魅力があった。そのほか村山の携わっている映画館やその内装、また演劇の美術や演出なども英華は見にいった。

《村山知義なんというのはやり手だから、映画の評論をしたり、映画館を建てたりした。そのときにぼくは映画を相当見ていた》（磯崎新との対談）

当時の映画はトーキーになる直前、サイレントの時代で、赤坂・溜池の葵館は一流の洋画封切館として知られ、徳川無声《とくがわむせい》が弁士となり、八人編成のオーケストラが演奏した。そこに震災後建て直されたのが、村山知義のデザインした斬新な建物だったのである。

大正十三年夏、村山は建築家の吉田清作《よしだせいさく》、彫刻家の荻島安二《おぎしまやすじ》の協力を得て、その仕事を引き受けた。建築設計は吉田、正面壁面にある十二体の女性の浮き彫りは荻島の担当だったが、総合デザイナーは、もちろん村山知義である。

村山が、油絵の具を厚い麻布に塗りつけた大きな緞帳《どんちょう》は評判になり、それを見るために映画館の切符を買った者もいた。

緞帳だけでなく、映画のポスターやプログラムまで、村山知義は描いた。

英華が建築を進路とした理由の一つに、村山知義の影響があろう。兄の友人が持っている才能の多彩さに、彼はまさに圧倒されたのである。

学校そっちのけで、英華は映画館や劇場に通った。が、これでは勉強がはかどるはずがない。五年まで中学校に在籍しながら、彼は第一高等学校の入学試験に落ちてしまう。

《一高を受けて落っこっちゃったから、なんか成蹊《せいけい》に入ったんですよ》(宮内嘉久との対談)

昭和三(一九二八)年、英華は成蹊高等学校理科甲類に入ることになった。

成蹊高校は教育者中村春二《なかむらはるじ》、銀行家今村繁三《いまむらしげぞう》、そして三菱財閥の総帥岩崎小弥太《いわさきこやた》という、東京高等師範附属中学校で同級生だった三人によって設立された私立学校である。

中心人物は、帝大国文科を卒業後に母校の東京高師附属中で教鞭をとっていた中村春二。儒教や仏教に基礎を置く人間教育を志し、その理想を実現するため、明治三十九年、本郷西片町の自宅に私塾を開いた。翌年、司馬遷『史記』にある「桃李不言自成蹊」という一節から文字をとって、この塾を「成蹊園」と名づけている。

中村は塾を発展させて成蹊実務学校、次いで中学校、小学校、実業専門学校、女学校を開設し、附属中時代の同級生だった今村繁三、岩崎小弥太に経済的援助を求めた。

二人は英国ケンブリッジ大学に留学し、伝統ある大学での学寮制や、イギリス人の級友たちが学んだイートン校などのパブリックスクールに大きな感銘を受けていた。

当時、高等教育の改革は大正デモクラシー下での世論だった。それまでの七帝国大学とナンバースクールと呼ばれた旧制高校という、官学偏重の教育システムが時代遅れとなり、制度の変革が迫られていたのである。

第一次世界大戦以後、日本ではホワイトカラーが大都市で増加し、新中間層を形成しつつあった。東京の郊外に住み、「家庭」を営む彼らは、子供たちにエリート教育を受けさせたいと欲し、受験戦争は過熱化していた。

こうした社会の要請に応えて、大正七年、原敬《はらたかし》内閣は大学令を公布して早稲田・慶應など私学を正式に大学として認知し、同じ年高等学校令も改正して、東京、大阪、福岡、姫路など十七の官立高校と、武蔵、成城、甲南など私立高校新設の道を開く。

新設された私立高校はいずれも七年制であった。つまり、尋常科（中学）四年、高等科（高校）三年として、無試験で進める中学・高校を一貫した教育の場にすることで、都市の新中間層に自分の子弟を帝国大学に進学させるチャンスを大きく広げたのである。一高や三高を落ちた者も高等科に編入すれば、三年後に帝大へ再挑戦できることとなった。

成蹊も七年制高校の一つとして再編され、岩崎の援助により吉祥寺に八万坪の土地を得て、大正十四年に成蹊高等学校が開設された。

一高の入学試験に落ちた英華は、この形で成蹊高等学校に編入学したわけである。

《そこは、教育者中村春二先生が信念をもって創られた学園の延長で、大学はまだなかった。吉祥寺のけやきの大木のある広大な敷地に英国風の学寮をもった、全人格的な教育環境でした。学生数はきわめて少なく、何となく人間的な学園でしたね》（『私の都市工学』）

三菱の援助で成蹊の授業料は安く、生徒の人数は理想的人格教育を行うため、少数に抑えられていた。

《クラスは十人ぐらいきりしかいない。理乙（理科乙類）なんてのはね、予習していっても二回回ってきちゃう（笑）。ぼくは理甲で、理甲は十五人ぐらいかな、要するに少数……》（磯崎新との対談）

高山が度肝を抜かれたのは、その期末試験であった。

先生は問題と答案用紙を配り終えると、

「諸君の人格を信じます」

と言って、教室から出ていってしまう。これは生前中村春二が行っていた制度の踏襲であった。

附属中学の同級生であり、一人は東洋的人格教育の理想に燃え、残りの二人は英国の教育制度を経験した。その三人がつくりあげた学園の人格重視の自由な教育、優秀な教師たちといったリベラルな校風は、高山英華の闊達《かったつ》な性格に合っていたようである。

「いいかね、英華。蹴球だけはもうやめておくれ」

一高を落ちたことには何も言わなかった母だが、これだけは口が酸っぱくなるほど、入学したばかりの息子に繰り返す。

「龍男が胸をやられて亡くなったうえに、英華まで大けがをしてしまっては、亡きお父さまに申し訳が立ちません」

「はい」

この一年間母親に心配のかけ通しだった英華とすれば、言うことをきかざるを得ない。

（でも、峻兄貴のように本ばかり読んでいるわけにもいかないしなあ）

若いうちに体は鍛えなくては、三番目の龍男兄貴みたいに病気になってしまう。それに英華は小さいころから代々木や大久保の練兵場を飛び回るのが好きだった。柔道や剣道のような体育会は性に合わないが、サッカーなど横文字のスポーツはやりたくてたまらない。

（バスケットボールはどうだろう）

籠球《ろうきゅう》と呼ばれるその競技の部は、附属中でもあったように記憶する。しかし、サッカーほど人気がなく、運動部としても弱かった。だいたい歴史も浅く、アメリカで発祥して三十年ほどしかたっていない。

ところが、新しいスポーツであるにもかかわらず、成蹊高校では盛んだった。

昨年つまり昭和二年の全国高等学校大会では優勝戦に出場し、年間十一勝五敗の成績をあげている。運動部だけでなく、普通の学生たちもプレーし、理科対文科の対抗試合がよく行われた。高師附属中では蹴球が「校技」とされていたが、成蹊ではバスケットボールが同じように輝かしい地位にある。

本館の左手にある理化博物教室棟の裏にあるコートへ行ってみると、足と手というように使う部位は違うが、敵の陣地を攻めて、ボールを入れるというルールは似ている。専用ボールの値段が高いので、練習ではサッカーの球を代用にするときもあるらしいが、コートはサッカーの四分の一ぐらいで小さい。

(よし、これだ)

英華は決心した。そして母親にも報告し、サッカーより安全というので、許可をもらった。

ただ、やり始めてみると、英華はすぐに気づく。

《フットボールは危ないからといって、バスケットならいいと思って入ったら、バスケットはまた激しいんだよ。知らなかったからね(笑)》(宮内嘉久との対談)

まあ、激しくないスポーツなんて、実はないのである。

自由な校風を満喫していた英華だが、成蹊に違和感を覚えるときもあった。

《ブルジョワ・リベラリズムか、そんな雰囲気なんだよ。だけどぼく自身がそこに溶けこめな

かったのは、もう家に金がなくなっちゃってね》（磯崎新との対談）

金持ちの多い学校に通っているということは、英華にとって時に後ろめたい気持ちにさせる。附属中時代の友人の家に遊びにいって、一高でマルキシズムにかぶれているその家の兄に言われたことを、高山は生涯忘れなかった。

――なんだ、成蹊なんてブルジョワ学校へなど入って。

「こっちもフラフラして……」と高山は回想している。たとえ理想教育といっても、日々テニスやゴルフに興じているだけの級友たちとは、何か親しくなれない。

時代は関東大震災以来、日一日と悪い方向に進んでいる。台湾銀行の休業や鈴木商店の破産、関東軍の張作霖《ちょうさくりん》爆殺など、昭和に改元されたばかりの日本は政治・経済において、不安の度を強めていた。地方では農村が窮乏し、都市では企業が倒産して、巷には三百万人以上もの失業者が溢れ、不況による自殺、心中、強盗事件などが連日新聞の社会面を賑わせた。

昭和四（一九二九）年十月にはニューヨーク株式市場が大暴落し、大恐慌はたちまち世界中に拡大する。二年後に満洲事変が起き、東北・北海道は冷害凶作に見舞われ、娘の身売りが絶えなくなった。

小作農や労働者の絶対的貧困といった社会問題が、昭和三年から六年にいたる英華の成蹊高校在学中に、あらわになってきたのである。

社会が不穏になるなかで、日本共産党は非合法化され、天皇制国家の護持をはかる支配層からの庶民に対する締め付けが厳しくなった。

磯崎新との対談で、籠球部時代の思い出を楽しく語りながら
《成蹊のころはマルキシズムが風靡していたから、われわれも一応勉強した》

と、英華は述べている。

特に、彼の場合、なお興味を持っていた演劇の影響が大きかったかもしれない。

ドイツ仕込みの前衛芸術の旗手であった村山知義も、このころ共産主義に傾斜していたからである。

左翼的な劇団であった「前衛団」の創設、「労芸所属劇団」の結成、そして蔵原惟人《くらはらこれひと》らとの「前衛芸術家同盟」の旗揚げなど、村山の活動は演劇だけを見ても、運動や劇団を自らつくり、またそれを壊して新しいものをつくっていく形で、常に変貌していく。そして英華の成蹊時代である一九二〇年代後半、「全日本無産者芸術家連盟（ナップ）」設立によって、村山は最終的に表現主義的前衛芸術家からプロレタリア芸術家へと生まれ変わった。

村上の演出した舞台に足を運びつづけていた英華にも、影響は小さくなかったろう。

だが、結局のところ、英華はスポーツを選んだ。このころ全国の高校では「選手制度廃止運動」がマルキストの学生たちから呼びかけられていた。貧しい労働者たちが進学できないでいる状況で、恵まれている学生がスポーツにうつつを抜かしているのはけしからんという批判である。インターハイ出場を取りやめようという高校が出る一方で、逆に運動部の学生たちが反発し

て右翼化し、学内で騒ぎになるところもあった。
《だいたい、マルクス主義のやつは運動ができねぇんだよ。マルクスに強いけど運動も強いってやつはあんまりいなかった。だからそこで第一回ぶつかる。それは素朴だけど、やっぱり人間性によると、どうもおかしい。楽しくやっているのを……。ま、制度が悪いなら悪いって言やいいけど、スポーツを批判されちゃうわけだよ》（宮内嘉久との対談）
英華にとって、スポーツは幼いころから飛び回っていたことの延長で、人間性の発露である。しかも、彼がサッカーやバスケットボールなど、横文字のスポーツを選んだのは、近代的精神にひかれたからだ。彼は体制に組みすることなく、ただ体を鍛え、合理性を身につけるために、スポーツを楽しんでいる。これがいけないというなら、マルキシズムとはなんと独りよがりの思想だろうか。本来、人々を解放すべきものが、逆に人間性を抑圧する側に回っているのだ。
《ぼくは運動部の主義主張じゃなくて、運動の楽しさとか、精力を発散するとかいうのは小学校のときから鍛えているから、「（中略）運動をしたことのないやつが生意気なことをいうな」と言うこともある》（磯崎新との対談）
それは単純に右翼になることではない。体育会的資質はもっとも忌むべきところだ。彼はあくまで近代性を求める。それは物質的近代化を推し進めた明治以来の論理ではなく、精神の近代化を求めた大正デモクラシーの理念である。
《剣道部や柔道部はどうも右翼［的］になってしまうわけだ。サッカーとかバスケットだから

ちょっと違う。要するに近代スポーツということがある》（前掲書、［ ］内は引用者補足）

それは社会矛盾に目をつむり、自己を欺瞞させた形で逃れていったという意味ではない。マルキシズムと運動部との争いが、英華を右翼でもない、左翼でもない、第三のリベラルな道へと進ませたといえる。

《ぼく自身、家はお母さんがやっているから、そんなにぜいたくはしないから、そこに多少ブレーキがあるわけだ。のほほんとテニスをやったりゴルフをやったりはしないで、激しい運動のほうへいった》（前掲書）

実際、成蹊高等学校時代の高山の運動選手としての活躍は目覚しいものがあった。

二年生の昭和四年に全国高校大会で優勝し、英華がキャプテンとなった翌年には高校大会で連覇しただけでなく、大学、実業団も加わった全日本籠球選手権大会でも優勝した。この年度の成蹊は十七戦十七勝だったというから、まさに常勝チームだったわけである。

ただ、社会への関心、社会矛盾への眼差し、社会正義といった気持ちは、なお英華の心のなかに残った。それが彼をして、大学で都市計画を志させる起動力となる。

《中学時代はサッカーをやっていたのですが、高等学校ではバスケットをやりました。両方とも輸入のスポーツで、団体スポーツなんです。近代スポーツだから運動量が相当激しくても、やはり何となくモダンなところがあったりしたもんです。そういうのがちょっと建築の雰囲気に似てるところがあったような気がします》（『私の都市工学』）

昭和六年四月、高山英華は第一志望である東京帝国大学工学部建築学科に入学した。建築志望はずっと考えつづけていて、「右顧左眄《うこさべん》することはなかった」（前掲書）と彼は述べている。成蹊在学中も、ル・コルビュジエの著作『建築芸術へ』を読むなど、それなりの勉強はしていた。本来理科系に強いことと絵を描くのが好きなこと、そして社会問題への関心が、彼を建築志望に向かわせた大きな理由であった。

そこから英華は大きく自分を飛躍させていくことになる。

3　帝大建築学科

昭和六（一九三一）年四月、二十一歳の高山英華が入学したころの東京帝国大学建築学科は、どのような状況にあったのだろうか。

実はこのとき、建築学科は大きな危機を迎えていた。

大正末期から昭和初期まで、帝大建築学科を牛耳《ぎゅうじ》っていたのは、構造を専門とする佐野《さの》利器《としかた》だったといっていい。

明治十三（一八八〇）年山形県に生まれた佐野はもともと軍人か、軍艦をつくる造船技師になりたかったという。それが義父の勧めで建築学科に転じてみると、意匠的色彩が濃いのに失望した。

《自分は入学した時、それ迄想像していた建築学科の内容とは大変違うので実に意外であった。建築学には何の科学的根拠もない事に失望し、自分に不向な学科を選んだ事を悔み、やめようかと思った。小さい時から質実剛健というモットーで育てられ、形のよし悪しとか色彩の事等は婦女子のする事で、男子の口にすべき事ではないと思い込んでいた位だからだ。（中略）国家公共のために働きたいので、個人の住宅とか、色彩や形の問題等やりたくないと考えた》（『佐野利器─佐野博士追想録』）

だが、佐野は地震国の日本で一番大事なのは耐震技術だと考え直し、「男子一生の仕事」として日本流の建築構造学を編み出さんと決心する。大学院に入るとまもなく講師となり、明治三十九（一九〇六）年サンフランシスコ地震の現地を視察して、鉄骨や鉄筋コンクリート構造こそ、これからの建築だと確信して帰国。小柄ながら、生来の向こう意気の強さで、若いうちから母校の建築学科を支配した。

日本銀行、東京駅を設計した辰野金吾に次ぐ、佐野利器が帝大建築学科の二代目ボスといわれる所以《ゆえん》である。

佐野がボスにまで上りえたのは、気の強さだけではなく、当時の日本で建築学が工学として望まれていた事情によるものであったろう。彼の登場によって、建築学は土木や機械・造船などと同じように、近代化に貢献する工学技術として確立される。文部省や大学上層部にそうした期待がなければ、佐野が伊東忠太《いとうちゅうた》らの先輩を抑え、実権を握ることは難しかったに違いない。

佐野利器の君臨は、近代化という日本の国家シナリオのなかで約束されていたといえる。

ところが、高山英華が入学する二年前、佐野は四十九歳で突如帝大を去っていた。その理由は詳《つまび》らかではない。煩わしい官立ではなく、私立大学で自分が信ずる建築学科をつくりたかったとも、民間建設業に招聘されて業界改革を目指そうとしたとも、あるいは他学科の教授たちと喧嘩して「売り言葉に買い言葉で辞表をたたきつけた」（藤森照信「佐野利器論」）ともいう。補足すると、このあと佐野は日大工学部長に転ずるもわずか一年で辞任し、さらに清水組副社長になるがこれも三年半で辞めてしまっている。

《彼の行くところ波静かなところはなかった》（『日本建築家山脈』）

と、建築史家の村松貞次郎《むらまつていじろう》は書く。佐野の思いがけない辞職によって、東京帝国大学建築学科は突如存立の危機に陥った。

当時、伊東忠太、関野貞《せきのただし》、塚本靖《つかもとやすし》など大物が停年で引退し、堀越三郎《ほりこしさぶろう》、田中正義《たなかまさよし》など若手助教授たちは佐野と衝突して辞職していたため、なんと教官が不足してしまったのである。

教授として残されたのは内田祥三ただ一人。

内田は佐野の五歳下、専門はやはり建築構造である。大学に入ったとき、絵が下手で悩んだのを、「俺もそうだったから安心しろ」と佐野に激励された経験があった。

しかし、いくら恩義ある師といっても、不測の危機を引き継がされてはかなわない。何とか翻意させようと諌めた。

「佐野先生、あなたは一体何を考えておいでなのですか。先生の念願どおり、建築構造学は発達し、鉄筋コンクリート造、鉄骨造は普及しつつあります。そんな大事なときに、大学を飛び出るなんて」

「内田君、君はちっとも分かっていないな。俺の夢は構造からさらに広がっている。現実の都市を変え、国家公共のために働きたいのだ」

ここ数年間、佐野は帝大教授とともに、東京市建築局長を兼務し、震災復興に全力を注いできた。後藤新平という理解者を得て、彼はもう狭い建築の世界で、やれ意匠だ、構造だなどと張り合うのはあきてしまっている。建築の色や形といった狭い意味のデザインではなく、社会や都市の計画、特に関東大震災で被害を受けた帝都東京を復興するのは、まさに「男子一生の仕事」に違いない。

意匠優位を否定して、構造を究めるはずだった男が、震災復興で腕を振るっているうちに「計画家」になってしまったのである。

「佐野先生、そんな」

内田は絶句した。

「先生に去られたら、建築学科は潰れてしまいます」

「潰れやせんよ、内田君。君がやればいいんだ」

学外で八面六臂《はちめんろっぴ》の活躍をしている佐野に比べ、内田の性格は内向的である。生涯を通じて他大学に出講したこともなかったといわれるくらいだ。いつも師に遠慮していたが、今度ばかりは怒りを覚えた。しかし、その感情は尊敬する佐野にではなく、自分の内なる決心へとつながる。どうにも師の乱心を食い止めることができぬと知るや、断固として開き直った。

（こうなったら、自分がやるしかない）

内田がとれる方法は二つあった。一つは佐野に帝大から追い出された有力な建築学者たちを招聘《しょうへい》し、協力を求めることである。たとえば佐野と同期で、早稲田に行った佐藤功一《さとうこういち》などに頼めば、熱血漢だから喜んで助けてくれるだろう。

しかし、意匠系である佐藤を招けば、今まで佐野が敷いてきた構造派路線が崩れてしまう。佐野先生は敵も多かったが、建築を意匠優先にすることは、いまの日本では求められていない。少なくとも、日本最高の学府、東京帝国大学がとるべき道ではない。

自らも構造学者である内田は、そう思った。

（ということは自分がすべてを引き受け、背負っていくのだ）

内田祥三は江戸っ子である。米屋だった父が早く亡くなり、母に育てられて貧しく育った。小学校のとき成績がよくて、先生から進学するように勧められ、そうしていくうちに一高、帝大へと進んだのである。責任感が強く、一度決めたら梃子《てこ》でも動かない頑固さがあった。

「よし、やるぞ」

内田が決意できた背景には、教授職とは別に、大学の営繕課長を兼務して、関東大震災で被害を受けた本郷キャンパスを再建してきた自信があったからであろう。

佐野が学外に出て、東京の震災復興事業に熱中している間、この粘り強く無口な弟子は震災で倒壊した母校の施設を文字どおり建て直していたのである。

専門を構造としながら、佐野は帝都復興事業で都市計画に目覚めていったが、絵の下手だった内田もエンジニアにとどまらない、グランドデザイナーとしての能力があった。

人の能力や適性を見抜き、まだ二十代だった岸田日出刀《きしだひでと》に安田講堂を設計させ、博士論文も急遽《きゅうきょ》書かせて、助教授から建築計画学の教授に昇格させたなどは、その好例である。

そのほか二十七歳だった構造の武藤清《むとうきよし》、朝鮮から呼び戻した建築史の藤島亥治郎《ふじしまがいじろう》らを助教授にあて、自身は残った多くの科目を「何でも屋」として教えた。そして学生や弟子たちを学内の建設現場に駆り出して、実地を覚えさせる。

高山英華が入学した昭和六年とは、このように内田が必死に帝大の建て直しをはかっている真最中であった。

《結局内田さんひとりになっちゃった。

内田さんは、どうしようかと思った。よそからおおぜい呼んできて再建するか、あるいは自分で育てて再建するかという、そのどちらかを迫られたわけだ。育てて再建しようというのが、そのとき内田さんのとった方針だった。はじめはやはり、復興の、都市計画に出ていたけれども、大学のキャンパスと教育の復興に専念したわけだ。だから内田さんは、はじめのほうは社会的に非常に動いていたけれども、最後は大学キャンパスと建築学科の育成ということに全勢力を集中したのです。営繕課に梁山泊みたいなかたちでおおぜいいたんだ。小野薫《おのかおる》さん、渡辺要《わたなべかなめ》さん、岸田日出刀さんとか。だからそれを、キャンパス復興を勉強させながら教育して、その中から教育者を次々に育てていった》（磯崎新との対談）

最初は入ったばかりで分からなかった英華にも、やがてそうした師の熱意ある姿勢は伝わった。成蹊の籠球部キャプテンを務めた経験から、英華には若いながらリーダーの苦労がよく分かる。指導者は下の者を引っ張らねばならず、目標を指し示さなければならない。一番不安なのは自分本人だが、それを他人に見せず、希望を与えるのがリーダーの役目なのだ。だから、指導者は最も孤独であり、鷹揚《おうよう》に見せながら、繊細な神経を持つことが求められる。

（外見は派手ではないが、立派な先生だ）

と、英華は思ったし、内田への尊敬は終生変わらなかった。

昭和六年のクラスは総勢三十名おり、忙しい内田先生に、一年生が個別に接触できるわけではない。ただ、土曜日の第一時限目、朝八時からある内田先生の講義に、何とか遅刻しないよう努力して、睡魔に耐えながら出席するぐらいだ。それでも、教室の講義や本郷構内の建設現場での話を聴いているうちに、ますます敬愛の念は強まってくる。

（一度内田先生から、ゆっくりお話を伺ってみたい）

そう思っているだけの英華だったが、彼の希望は意外なところでかなうことになる。

大学に入って英華は早速ア式蹴球部に入った。いや、入れられた。

母親のサッカー嫌いもほとぼりが冷めていたし、成蹊時代にも時々頼まれて蹴球部の試合に出たりしていた。工学部では勉強が忙しく、運動部は難しいと思っていたところに、先輩の中島健蔵が製図室に姿を見せて、

「高山、君はもちろん蹴球部に来るんだろうな」

と、言ってきたのである。

中島は高師附属中の先輩で、兄貴のような存在だ。附属中にいたとき、既に中島は大学生だが、何かといっては母校にやって来た。中等大会で優勝したときなどはちゃっかり、英華たちと一緒の記念写真に入っているくらいだ。

今は大学を卒業したものの、就職先がないまま、仏文学研究室の副手となっている。研究室の主任教授は辰野隆《たつのゆたか》――建築学科の祖、辰野金吾の息子であった。

「今日はノコも一緒だよ」

中島はそう言って、隣にいる長身の青年を英華に指さした。

その男を英華は既に知っている。附属中学時代、中島健蔵がよく連れてきて、コーチなどをしてもらった。

当時からノコ、つまり竹腰重丸《たけのこししげまる》の名前は全国のサッカー界に鳴り響いていた。いま帝大サッ

カーは東京カレッジ・リーグで五連覇をつづけているが、竹腰はその最初の三年間活躍した伝説上の男である。

ここで栄えある帝大ア式蹴球部の歴史を整理しなければならない。

日本で最初にサッカーを受容したのは東京高等師範学校であることは既に述べた。これにならい、各地の師範学校でも受容され、卒業生たちが教員として各地に散らばり、サッカーが普及していったのである。

それらの教師たちにサッカーを教えられた若者たちが、高校、大学に進学し、帝大、早大、慶大などが実力を蓄えて、大正十一年に「ア式蹴球東京カレッジ・リーグ」（現在の「関東大学リーグ」）が発足した。

そして帝大は大正十五年（昭和元年）から前年まで、リーグ五連覇をつづけている。

竹腰は在学した三年間レギュラーで、二年、三年のときは主将であった。何しろ大連中学でサッカーに出会ったあと、山口高校でもサッカー一本やり。帝大では最初医学部薬学科に入ったものの、実験などで忙しいため、農学部に転部したという剛の者だ。

二年前卒業して帝国農会に就職したが、これも帝大の監督をつづけられるという条件で選んだ。後輩の選手が高文試験を受けるため、退部しようとしたのを説得して、受験を諦めさせたという逸話さえある。

中島、竹腰という二人の怖い先輩がやって来たからには、もう逃げられない。

「知ってのとおり、わが大学はリーグ五連覇をつづけているが、今年は危ない」

中島が言ったことは、英華もよく知っている。竹腰が卒業してからは、さしもの帝大も戦力が低下している。

「今年頼りになるのは主将の手島だけだ」

「……」

「しかも、高山、今年は末広先生が海外出張でおられない」

当時帝大のア式蹴球部長は工学部教授の末広恭二《すえひろきょうじ》であった。人格者で面倒見もよい。造船工学の大家で、関東大震災以後は親友の寺田寅彦《てらだとらひこ》に依頼され、帝大地震研究所所長も務めている。そのことで今年秋にアメリカのスタンフォード大学、マサチューセッツ工科大学などに招かれる予定だという。

帝大に入る前、英華は中島に連れられて、大学正門前の喫茶店で末広先生に会ったことがあった。中島から、数学の勉強の仕方を聞いてみろとアドバイスされたのである。英華は成蹊に入ったころから、不勉強がたたって、数学が不得意になり困っていた。

――君はどこを志望しているのですか。

末広先生は静かに尋ねた。

――建築です。美術が好きなものですから……。

――でも、建築は構造など、理科的な面もありますよ。入学試験には数学や物理の試験もあります。

だから、そのために自分は分厚い参考書を抱え、長い微分方程式などを解く方法を暗記しているのだ、と英華は答えた。

――それは勉強法が間違っていますね。

末広先生は眉をひそめた。

――数学や物理は暗記するものではありません。それよりも数式や定理の意味を徹底的に考え理解しなさい。そうすれば、どんな難しい問題でも解けます。

――わかりました。

末広先生のアドバイスにかかわらず、入試での数学の出来は散々だった。自分が合格できたのは、試験科目に「体操」があって、英語や数学などと同じ点数配分だったからだと英華は思っている。

「高山君」

今まで黙っていた竹腰が口を開いて、英華ははっと我に返った。

「ぼくは君にセンターハーフをやってほしい」

「えっ」

これは大変だ。センターハーフというと、四・三・三のフォーメーションの中盤中央という重要なポジションである。竹腰が現役時代やっていた攻守の要の役だ。

対して、英華は中学のころからずっとフォワードのライトウィングだった。センタリングして味方にシュートさせるという攻撃役だから、単純な自分には一番向いている。逆にセンターハーフだと、試合の流れを見て、攻撃も防御も臨機応変にこなさなければならない。

「それはいくら何でも困ります」

日ごろ遠慮などすることのない英華だが、さすがに言った。

「ぼくは一年生です。最初から、そんな重要な役などできません」

竹腰はじっと高山の顔を見つめた。無言だが、竹腰の視線はひたむきである。これに多くの者は負けて、言うことを聞かされてしまう。頑張らねばと思って、英華はぐっと睨み返した。

「じゃあ、ライトウィングなら入部しますね」

竹腰の声は低い。英華は思わず、うなずいてしまった。

「明日から、御殿下《ごてんした》に来てください」

こうして英華はア式蹴球部に入れられてしまったのである。

《僕が帝大に入ったのは、昭和六年の春であった。その頃は御殿下のグラウンドは、一周三百メートルほどのトラックが主で、それを覆ってサッカーやラグビーのグラウンドとして併用しておった。そして、その西北の隅に、柔道場や食堂などの木造の建物があった。病院側には立派な桜並木があり、夏目漱石の小説の舞台にもなったところでもあった。

その柔道場の脇に、小さな六坪ほどの木造バラックがあり、これが部室であった》（「帝大サッカー部の部室のこと」『闘魂』第四号）

御殿下の「御殿」とは、三四郎池《さんしろういけ》のほとりに通称「山上御殿《さんじょうごてん》」という、教授たちが昼食をとったり、学生たちが会合するバラックの建物があったことからついた名である。

英華が入部した効果は大きかった。一年生でライトウィングとして出場し、農大、一高、慶大などの強敵を連破したのである。

残るは十二月五日に神宮で行われる早大との決戦だ。昨年早稲田とは、リーグ戦で二対三で敗れ、優勝決定戦になって再試合。ようやく一対〇で勝って、王座を守った。

《このシーズン、まず早稲田の底力に油断出来ないぞと思った。去年のこともある》（「頑張れば勝つだろう」『闘魂』創刊号）

戦後は骨太な社会批評で知られる中島健蔵だが、このころは愛校心が優っている。チームのスポークスマンと自認しているからだろう。

《「どうだい。勝てるかい」と隣の梵《ぼん》文学の田中君がきく。内心、実に気持のよい今年のティームが勝つと確心しながら、私は一寸言葉を濁す。「頑張れば勝つだろう」。（中略）真面目に考え、本気で予測すればする程勝負のほどはわからない。この悪文がガラガラと輪転機にかかっている頃は同じ中島の道ちゃんや高山君らと「やっぱり勝ったね」と話しているんだろうと信じている。慶應にも早稲田にも年来の友人がうんと居るが、今年の本学チームを敗けさせて堪るもの

か。それが私の本音である》（前掲書）

そう、負けるものか。今年は弱いという予想を覆して、秘密兵器が加わっている。附属中の後輩で、俺が引っ張ってきた高山英華だ。きっと勝つ。だが、少し不安は残る。勝負は水物だ。それにマネージャーの俺が請け合っても、お前がプレーするわけじゃなしとばかにされるだけだろう。少し微妙なことを言っておいたほうが、皆にも楽しみというわけさ。

中島健蔵の勘は当たった。試合は一対一のまま推移したが、後半終了近い三十八分に、英華がセンタリングしたところを手島がシュートして一点をあげ、さらに四十二分にまたしても高山のセンタリングで加点して、勝負を決めたからである。

最初にあげた得点も高山のセンタリングを手島主将が押し込んだものだったから、帝大のあげた全三得点に英華はからんだことになる。

このとき早稲田の選手で、のちにベルリン・オリンピックに出場、戦後は日本代表チーム監督となる川本泰三《かわもとたいぞう》は

《高山さんはタッチラインぞいにコーナーまで真っすぐいって、センタリングした。足が早く、ボールを突っついて走る。走って、止まって（あるいは止まるとみせて）ボールを突っついて、相手を抜く、といったドリブルだった》（「五輪アイスホッケーに学ぶ―高山英華の得意技」『イレブン』一九七二年四月号）

と、回想しているから、そのテクニックは見事だったのだろう。

「高山、よくやった。やっぱり勝ったな」

試合後、グラウンドから退場しようとしている英華に、中島は観客席から声をかけた。英華はにっこりとして右手を先輩に振った。

（あ……）

そのとき英華は気がついたのである。中島の隣に、やはり知った顔が立っているではないか。建築学科の内田祥三先生である。

中島と違って、その顔には笑みがない。いつものように仏頂面で、黙って英華を見下ろしている。もちろん不機嫌でもない。生来そうした顔なのである。

「……」

しかし、忙しいはずの内田先生がわざわざ決勝戦に足を運んでくれたのが、英華にはうれしかった。帝大の先生のなかには自分の研究が大切で、運動部に関心の薄い学者が少なくない。今年は部長の末広先生が海外に出張中なので、それこそスタンドに教官たちの姿はないと諦めていたのである。それが全学で最も忙しいはずの内田先生がわざわざ足を運んでくれたのだ。

そのとき、内田の手がベンチに置いた鞄にゆっくり伸びているのに、英華は気がついた。丸いものを取り出している。

アンパンであった。

英華は思い出した。内田先生のパン好きは有名で、建築学科の会議でも平気でむしゃむしゃと食べはじめる。ほかの先生たちも困った挙句、皆がパンを持参して食べるようになったという。

さっきの不機嫌なようすとは対照的に、おいしそうにアンパンを食べている内田先生と、英華の視線があった。先生の頬が緩んで、苦笑いのような表情が少し浮かぶ。悪戯《いたずら》を見つけられたときの子供のようだった。

こうして帝大は関東リーグ六連覇をとげ、王座を守った。一週間後、神宮球場で行われた第三回東西優勝校争覇試合で、帝大は関西優勝の関西学院に始終押しまくられながら、二対二で引き分けた。しかも、二点とも高山英華のセンタリングによるものだったのである。


翌年四月、新チーム発足により、高山英華のポジションはセンターハーフへと変わった。竹腰重丸が、かつて担当していた重要なポジションである。

だが、新チームは昨年以上の厳しい状況にあった。

まず、帰国したばかりの末広恭二教授が四月に亡くなった。アメリカからヨーロッパに渡り、帰朝早々風邪をひいて急性肺炎を起こしたのである。

面倒見のよかった末広先生を失って、ア式蹴球部は大きな悲しみに包まれた。

「後任の部長はどなたにお願いしたらよいだろう」

末広先生の葬式が終わって、竹腰は途方に暮れたようすで言った。昨年はアメリカ出張だったので、部長なしだった。今年はしっかりした方に部長を頼まないと沈滞するばかりになってしまう。

（そうだ）

と、英華は思いついた。

「内田先生はいかがでしょうか」

「お忙しいのじゃないか」

営繕課長を兼務していることぐらいは竹腰も知っている。いま蹴球部の入っているバラックも、内田が建ててくれたものだ。

「でも、試合にはいつもお見えいただいています」

「おお、そうだ。そしていつもアンパンを食っている」

中島健蔵も大きな声をあげて賛意を示した。

実は内田は運動をやるのは苦手だが、見るのは大好きで、サッカーだけでなく、野球、ラグビー、ボートなど、帝大の運動部が強い試合にはよくやって来る。そこで竹腰、中島、英華も、とりあえず頼んでみようかということになった。

運よく、研究室に内田先生はいた。

「そうだな……」

苦虫を噛《か》み潰したような顔で、窓の外の景色を見ている。一分間ほど沈黙がつづく。いかにも迷惑そうなので、やはり駄目かと三人は思った。

しかし、そのあと内田先生の口から漏れたのは意外な言葉だった。

「とても末広先生のようなことはできないが」

満更でもなさそうだ。気が変わらないうちに話をまとめねば、と思って竹腰はあわてて言った。

「お忙しいのは存じています。でも、内田先生に部長になっていただかなければ困るんです」

「なぜだ」

「今年の蹴球部は高山が頼りです。その高山が先生に部長になっていただかねば、退部すると言っています」

「なに」

内田先生は三人の学生のうち、一番後ろにいた英華に目をやった。

「そういえば、君は建築だな」

はい、と英華は小さな声で答えた。内田先生の授業は受けているが、いまだ面と向かって口をきいたことはない。しかし、学生の顔と名前に関する内田の記憶力は抜群だ。

「そこまでいうのなら部長は引き受けよう、帝大のためだ」

ア式蹴球部は六連覇をつづけている誇るべき運動部である。それを忙しいといって逃げることはできない、というのが内田先生の気持ちのようだった。

「それから高山君といったな」

今度は名前を呼んで言った。

「建築学科は二年になると実験などで忙しいから、勉強は怠らんように」

「はい」

英華はうれしかった。内田先生は自分のことを気にかけてくれている。さっき竹腰の言葉で内田先生から視線を向けられたときの恥ずかしさは、どこかへ消えうせた。先生はなおも英華につづけた。

「運動部は練習だけでなく、グラウンドの整備などもある。そういうこともまじめにこなせ。つまり、勉強もスポーツも両立しろということだ」

そう言い終わると、内田先生は机の上の紙袋に入れてあったアンパンに、ゆっくりと手を伸ばした。ちょうど昼食の時間だったのである。

内田祥三は末広恭二を継いで、ア式蹴球部部長となった。それは内田祥三が大学総長となる太平洋戦争末期までつづく。

——勉強もスポーツも両立させろ。

という教えを、英華は忠実に守った。

《高山さんは午前中に実験をすませ、午後はグラウンドに出ていろいろな雑用まで全てやり、夜は友人のノートを写すという多忙な生活を送っていた》（安達二郎「不滅の六連勝の陰に」『闘魂』創刊号）

と、当時のサッカー部員は回想している。

現在東大都市工学科大西隆研究室が所蔵している英華の学生時代のノートは、意外ときれいで整理されている。これも他人のノートを写した結果かもしれない。いずれにしろ、このころから英華は忙しく、神出鬼没だったようだ。それは建築の勉強との両立による忙しさだけではなかった。実は彼はマルキシズムにも接近していたのである。

「なんだ、この課題は」

大学二年が始まって、いよいよ待望の設計製図の授業で皆に配られた紙を見て、英華は思わず声をあげてしまった。

一年生では、製図で線を描く練習から始まって、古代ギリシアのオーダー（様式）、本郷で建てられている施設の設計図模写などが主である。だから設計をするのは二年からで、最初の課題は小住宅といった、ごく初歩的なものだ。

しかし、英華は課題の前提条件で失望してしまった。

「こんな家があるか」

大きな声で言ったので、担当の教官が驚いたような顔をして振り返る。

が、もともと正直な性分だ。

英華が不満だったのは、出された条件が、

――二百坪の敷地に建つ住宅を設計せよ。

と、されていたことにあった。

（いまどき二百坪の家に住んでいるなんて、プチブルじゃないか）

英華は大久保に住んでいた少年時代、貧しい長屋をいくつも見てきている。

彼はばかばかしくなった。建築に興味を持ち、高校時代に村山知義の設計した奇妙な美容院を見にいったり、ル・コルビュジエの『建築芸術へ』の日本語訳を読んで、憧れていたことが、まるで無駄だったように思える。生活に困っていない人の住む住宅を考えていて何になるというのか。むしろ一般庶民の住宅をどうするか、という貧しい人々の生活を考えることが建築の使命ではないか。

《授業で一番最初は、ギリシアのオーダーか何かを模写させるわけです。その次にやっぱり初めだからということで住宅の設計なんだな。郊外の二百坪くらいの土地に夫婦と子供二人くらいの家族構成で、中流住宅、日照がどうだとか、間取りがどうだとかやります。だけど町に出たら、そんな家あまりないんだな、復興したあとだから、みんなバラックかなんかでね。本郷あたりでも大したことないんだよね。そういう体験が社会意識を目ざめさせたということもあるでしょうね》（『私の都市工学』）

成蹊高校時代の英華は共産主義の本を呼んだり、村山知義の話を聞くことはあっても、それ以上マルキシズムへの興味は広げなかった。成蹊をブルジョワ学校と批判され、スポーツをやるのは反動だと言われて反発したときもある。

だが、帝大に入ると、マルキシズムへの関心は急にふくらんだ。運動部のほとんどが右傾化していくなか、ア式蹴球部を中立に保たせるよう、腐心していた中島健蔵の影響もあったろう。中学時代から好きになった観劇も、村山知義が演出する舞台や河原崎長十郎《かわらさきちょうじゅうろう》が演ずる前進座の芝居を見たりもしはじめていた。

帝大だけではない、建築界でもマルキシズムは吹き荒れている。

話は高山英華が帝大に入る前年、つまり昭和五年にさかのぼる。

その年七月に「新興建築家連盟」という団体が結成された。帝大、京大、早大などを卒業した若手のエリート建築家たちが集まり、岸田日出刀、吉田鉄郎《よしだてつろう》、市浦健《いちうらけん》、今井兼次《いまいけんじ》、谷口吉郎《たにぐちよしろう》、フランスから帰ってきたばかりの前川國男《まえかわくにお》なども名を連ねた、近代建築を標榜する団体である。

しかし、事務局を握っていたのは創宇社《そううしゃ》というグループの人たちだった。

《我々は、科学的な社会意識のもとに団結にして建築を理論的に技術的に獲得する。我々は、明日の正しき強大なる建築の更正のために、今日のいきづまる社会的生産関係の桎梏《しっこく》から建築を解放せんために、現実の科学的探究と史的発展の必然的法則の把握とによって之《これ》を実践する。我々は内部精算と分担的努力によって、現代建築界のあらゆる反動的傾向を打破する》（「新興建築家連盟宣言」）

この宣言文を草したのは、創宇社のリーダー岡村蚊象《おかむらぶんぞう》（のち山口文象《やまぐちぶんぞう》）ともいう。連盟結成の直前に行われた講演会で、岡村は「プロレタリアートの前衛戦を守護」する役割を建築家に求め、「がっちりしたプロレタリア建築理論」の確立を要請している。確かに「新興建築家連盟宣言」

に満ちているマルキシズム的雰囲気は、文章自体は岡村ではなかったとしても、彼の影響下にあった者の筆であることは間違いない。

創宇社メンバーの主力は逓信省《ていしんしょう》営繕課などの製図工であり、岡村をはじめとして、今泉善一《いまいずみぜんいち》、竹村新太郎《たけむらしんたろう》、崎谷小三郎《さきたにこさぶろう》ら職業学校や夜学などで学んだ、いわゆるノンキャリアであった。

創宇社の面々とエリート建築家たちを新興建築家連盟に結びつけたのは、近代建築という共通の理想であり、岡村蚊象は、これら二つの流れを巧みに一つにまとめあげた。貧しい大工の家に生まれ、徒弟学校しか出ていない彼は優秀なアジテーターであり、エリート建築家たちに匹敵し、さらには凌駕《りょうが》するデザインの才能の持ち主だった。帝都復興事業の橋梁意匠を担当して、清洲橋《きよすばし》や数寄屋橋《すきやばし》、聖橋《ひじりばし》などの美しい透視図を描いたのも岡村といわれる。中條精一郎《ちゅうじょうせいいちろう》、堀口捨己《ほりぐちすてみ》、山田守《やまだまもる》、吉田鉄郎、ワルター・グロピウスらの建築家、安井《やすい》曾太郎《そうたろう》、前田青邨《まえだせいそん》らの画家に可愛がられ、ついには前田の娘を妻にするなど（のちに離婚）、彼には人をひきつける強烈な魅力があったのだろう。

しかし、岡村がまとめあげたモダニズムとマルキシズムの融合も、結局は長続きしない。読売新聞の十一月十二日号夕刊に、新興建築家連盟を「建築で『赤』の宣伝」「あらゆる方面にナップの活動」「『歳末闘争』を当局警戒」と批判した見出しの記事が載ると、エリート建築家たちが次々に脱退してしまったからである。治安維持法の改悪、全府県への特高設置、共産党の一斉検挙と、国家権力の社会運動弾圧は日々激化している。そのとき「共産主義者」と見られることは、社会的立場を失い、身に危険が迫ることを意味した。

新興建築家連盟は結成されただけで瓦解《がかい》し、首謀者である岡村蚊象はドイツへと去った。共産党の資金ルートを確保するためだったともいうが、真偽は明らかではない。いずれにしろ残された創宇社のメンバーたちのなかには地下に潜り、今泉善一のように共産党員として大森ギャング事件を起こすようなケースも生まれた。

高山英華が帝大建築学科に入学したのは、連盟が瓦解した直後である。

《岡村蚊象や創宇社の連中はほんとの下積みからやってきて、（中略）そういう、あんまり表面に出ない人たちが結束した。その運動だからへんにねばっこいんだ。大学の人たちだとすぐ転向しちゃったりするけど、建築マルキシズムというのはそういう人たちが最後まで残った》（磯崎新との対談）

岡村蚊象がドイツへ去り、今泉善一がギャング事件を引き起こす一方で、残る創宇社の人々は「日本青年建築家連盟」を設立した。これはエリート建築家たちの代わりに、建築に携わる技術者や現場監督、建築の学生などが加わって、「集団的努力による建築技術の獲得」（「設立宣言」）を目指したものであった。

この日本青年建築家連盟に、創設された昭和七年ごろから、高山英華が加わっている。

当時、英華は大学二年で、サッカーと勉強の両立で忙しかったはずである。サッカーは七連覇を目指し、自分はセンターハーフを務めるなど、チームの要だった。建築の勉強も二年に入って本格化し、設計実習や実験などもあったろう。

そんななかで「日本青年建築家連盟」に顔を出していたというのは、それだけ高山が社会に関心があり、矛盾と不正を憎む気持ちが強かったからと思われる。

《西山夘三《にしやまうぞう》さんなんかも学生運動があった時に在学していたわけですよ。その前はもっと激しくて、今泉善一さんなんかは実際運動をやっちゃった。われわれはそのあとの時代だったから、僕たちも読書会なんかやった》(『私の都市工学』)

のちにライバルといわれることになる西山夘三と出会ったのも、この日本青年建築家連盟においてである。

「高山君は蹴球をやってはるとか」

メンバーの下宿で行われた勉強会で、西山は関西弁でそう英華に話しかけてきた。スポーツマンで立派な体格の英華と対照的に、相手は至極小柄だった。それでいて話しぶりには独特のざっくばらんな響きがあり、親しみを感じさせる。卵型の頭とよく動く目も人懐っこくて、創宇社の人たちとは雰囲気が違っていた。

「京都の西山夘三です。君はいま何回生?」

「二年です」

「というと、ぼくのほうが一年先輩やな。三回生やさかい」

「京都帝国大学でも、日本青年建築家連盟の活動は知られているのですか」

「ええ、高橋君からの情報でね」

いまほかの人と話している高橋壽男《たかはしひさお》のほうに目をやっていう。彼は日大建築学科の学生だが、そういえば関西の訛りがある。

「彼はもともと京都では僕の一年先輩や」

高橋壽夫は京都帝国大学で自治会運動をやりすぎたために留年し、西山と同じ学年となった。結局退学になってしまい、東京に来て日大に入りなおしたのだという。

「その高橋君が、新興建築家連盟や、今度の日本青年建築家連盟について手紙で教えてくれた。そこで東京へ用事で来たついでに、寄らしてもろたわけや」

西山はそういって、ぺろりと舌を出した。悪戯好きな性格らしく、偉ぶらない。ざっくばらんな西山に英華は好感を持った。

「ぼくたち昭和五年入学組は、自分たちのクラスをデザムと名乗っているんや」

「それはどういう意味ですか」

「あらへん、何の意味も」

新海悟郎《しんかいごろう》という同級生が提案したものだという。

「新海君はお父さんもお兄さんも彫刻家で、東京出身や。だから『デザム』という言葉にも、何か都会的雰囲気があってなあ。京都は意外と東京コンプレックスがあるんやで」

デザムの総勢十五名は奈良に合宿し、翌年二月には機関誌『dezam』も発行した。西山は鞄から、その幾冊かを取り出して、英華に見せた。

バウハウスばりの表紙は質素な紙質にもかかわらず、内容の濃さを予感させる。浦辺鎮太郎《うらべしずたろう》という彼らの同級生がデザインしたものだ。開くとメンバーたちが寺院建築に対する考察、旅行見学記、あるいは芥川龍之介《あくたがわりゅうのすけ》を引用しながら建築エッセイなどを書いている。雑多だが、それぞれの学生たちが京都という学問的風土で、建築に触れ、また教官たちの講義を聞きながら、自分たちなりに咀嚼《そしゃく》している熱気が伝わってくる。もちろん、昨今の恐慌によって顕著になった社会矛盾への若者なりの苦悩を独白的に書いたものもあった。

「おや……」

思わず英華が声をあげたのは、日記風の漫画に目がいったからである。

「わしが描いたんや」

西山は頭を掻《か》いた。確かに彼の名前が記されてある。建築学生の例に漏れず、絵が巧い。

雑誌の発刊だけでなく、「デザム」はほかの学年の建築科学生と共同で住宅問題の研究をやり、建築案を共同で製作し、コンペ応募など、元気に活動しているようだった。

(活発だなあ)

英華は羨ましくなった。京都と比べると、帝大では学生たちが自主的に活動することなど、久しくない。

「ぼくは帰ったら、デザムを日本青年建築家連盟『京都支部』にしよう思っている」

西山には、自分たちの活動が面白くてたまらないようだ。そうだろう、彼らのやっているのは自主的で、強制された勉強ではないのだから。

(俺のサッカーみたいだ)

今年度英華はセンターハーフになったが、早慶に敗れ、七連覇の夢は潰えた。が、サッカーが英華の生きがいであることに変わりはない。それに当たるものが西山夘三たちにとってはデザムのようである。

「西山さん、卒業したら、あなたは建築家を目指すんですか」

高山がそうきいたのは、デザムの活動にはどうも住宅設計が多そうだったからである。英華自身が小住宅の課題以来、建築設計に違和感を覚えはじめていたこともあった。

「住宅設計に興味はある。でも、むしろぼくは住宅と都市計画とを結びつけてみたい」

「ほう、都市計画と」

住宅設計と都市計画の融合とは面白い考えである。帝大でも都市計画の授業はあるが、そんな発想はない。

「高山君、帝大では都市計画の講義どうなっているんや」

実際、それは内田先生によって教えられている。生まじめな内田らしく、都市計画法、市街地建築物法などの法規や防災が中心だ。

「なるほど、法規も大事やな。でももっと重要なのは、都市を人間の生活する場として見直すことやで」

西山は試みに、京都帝大で土木学科の都市計画の授業にも出てみたという。しかし、道路や橋梁が中心で、生活への視点はなかった。

「都市計画の中心は建築でないとあかん。それも住宅でないと」

西山の話に英華は耳を洗われたような心地になった。建築家は得てして理屈っぽい話が好きで、意匠論などは形而上学的《けいじじょうがく》になってしまう。それが、西山の話だとすらすらと頭に入るのだ。真理とはこうしたやさしく単純なものであるべきだろう。

「岸田先生など建築家としては有名やけどな」

確かに西山の言うとおりだが、岸田日出刀は優秀なデザイナーではあっても、建築を社会と結びつける発想に欠けている。

都市計画と住宅設計の融合という西山の発想に、英華は感銘を受けた。

「高山君はエンゲルスの『住宅問題』を読んだこと、ありますか」

「いや」

読んだことがないどころではない、そうした本があることも知らなかった。

「ぜひ読んでみなはれ。あと『英国労働者階級の状況』と。この二冊は分かりやすい」

「そうですか」

いままで、日本人の書いたマルキシズムの解説書は読んだが、歯が立たなかった。言葉も理論も難解で、頭が痛くなってしまう。著者も果たして分かっているのか、疑問に思ったほどだ。

英華がマルキシズムに興味をひかれる理由は、正義感からきている。都市では労働者が大量に失業し、農村では凶作で娘を売らなければならない。この状況を政府は反対勢力を弾圧することで乗り切ろうとしているが、まるで逆だ。むしろ貧しい人たちを、どう助けるかを考え、施策を打つべきなのに。

『住宅問題』と『英国労働者階級の状況』。西山に教えてもらった二冊の書名を、高山は脳裏に刻み込んだ。今はマルキシズムの本を持っているだけで逮捕されてしまうご時勢だが、ぜひこの二冊だけは手に入れて読んでみなければ。そうしないと、彼がいまの社会に持っている不満を解決することはできないように思えた。

三年生になっても、なお西山や創宇社との交友はつづいた。

日本青年建築家連盟は建築科学研究会、さらには青年建築家《せいねんけんちくか》クラブと名称を変えながら、勉強会を営み、機関誌を発行していた。

「青年建築家クラブ」の発足には、京都帝国大学を卒業し、東京の石本喜久治《いしもときくじ》の建築事務所で働くようになった西山夘三の影響が大きい。会社勤めをしながら、なお彼は元気に満ちあふれている。思想性中心の「連盟」でなく、同好会的性格を持つ「クラブ」への改名も、西山たちデザムの提案によるものだった。

昭和八年十月二十七日、神田三崎町のミルクホール愛光舎で開かれた「青年建築家クラブ」結成大会には約三十名が参加、なかには帝大の高山英華、一級上の菅陸二《すがりくじ》、日大の高橋壽男、斎藤《さいとう》謙次《けんじ》らの顔もあった。

《高橋壽男君というのがいて、あれがなかなかやり手で、とりまとめなんかをして……。われわれのときは青年建築家クラブとかなんかやった。そのころも、共産党の下のオルグかなんかやっていると、なにかえらいような気になってね。秘密で会合やったり、ずいぶんやったことがあるんだよ。（中略）ミルクホールへ集まって、見張りをおいて、そこで相談していることはろくでもないことなんだけど、なにか重大なことを相談しているような雰囲気でね……（笑）》（磯崎新との対談）

事務所を芝仲門前の高井末吉《たかいすえきち》邸の二階家に決めて、青年建築家クラブは発足した。

その活動は、高山の回想どおり、他愛もないものが多かったようだ。西山の自伝『生活空間の探求』には、発足以降十一月、十二月に開かれている勉強会として、若い女性たちを交えた新住宅の見学会や、井の頭公園でアコーディオンなどを演奏したピクニック、自由学園でのレコードコンサートなどが記されている。

だが、これらの参加者に、英華の名はない。

実はこの時期、英華は無類の忙しさを抱えていた。三年になって、卒業論文、卒業計画に時間をとられていただけでなく、東京カレッジ・リーグが後半戦に入り、早稲田、慶應などとの試合がつづいていたのである。

昨年、早慶に敗れ、三位にとどまった帝大ア式蹴球部は、今年こそはと雪辱に燃えていた。英華はセンターハーフをつづけるとともに、キャプテンにもなった。

内田先生に部長になっていただいた途端に連覇が途絶えてしまった事情が、今年こそ頑張らねばという気持ちを奮い立たせる理由となっている。

だが、この年も、帝大は慶応に二対〇で敗れた。昨年三位にとどまったときと同じパターンである。こうなると、最後の早稲田戦に勝たなければ、優勝の望みは潰えてしまう。

帝大・早稲田の決戦は昭和八年十一月十八日、神宮球場で二時から始まった。

「高山さん、美柯《みえ》さんが来られていますよ」

グランドに出ようとしたところで、英華の背後から太田博太郎《おおたひろたろう》が声をかけた。太田はレギュラーではないが、建築学科の　年後輩で蹴球部にも入っている。

英華が見上げると、確かに内田先生の隣に、洋装の少女がベンチに腰掛けていた。祥三の長女、美柯である。ときおり麻布の先生のお宅にお邪魔して、姿を見たことがある。

府立第三高女に通っているが、最近少し見ないうちにますます美しい。唇をきっちりと閉じているところは、明晰な令嬢という雰囲気を漂わせている。

今日は重要な試合だというので、内田先生が連れてこられたのだろう。

「あの内田先生から、よくぞあんな美しいお嬢さんが生まれたものですね」

太田が感に堪えぬ声で言う。

「母親似でしょうか、高山さん。内田先生の奥さまはお美しいですから」

最近、太田は同級生の松下清夫《まつしたきよお》とよく、麻布の内田邸にお邪魔しているらしい。

英華も誘われたことがあるが、青年建築家クラブに入ってからは、内田先生を少し避け気味になっている。新興建築家連盟が結成されたという記事が読売新聞に載ったとき、内田は怒って岸田日出刀を呼びつけ、退会させたという。自分が創宇社の連中と付き合っていることを知られたら大変だ。

でも、いまの英華は内田先生ではなく、久しぶりに見た美柯のことが気にかかる。

——美しい。

と、素直に思い、頭の中がいっぱいになってしまう。

英華の邪念がチーム全体に伝染したのか、試合は開始早々に動いた。

帝大のキックオフを受けた早稲田の選手が、そのままドリブルで持ち込み、帝大が油断しているうちにゴールしてしまったのである。

その間、わずか一分。

帝大はキックオフのあとボールに触れることもなく、呆然と突っ立っているだけだった。

(これはいかん)

わざわざ美柯さんが来たのに、ぶざまなところを見せてしまった。いや、それよりも、自分の娘を連れ、勝利を信じてやって来てくれた内田祥三先生に申し訳がない。発奮した帝大チームは、英華以下、怒涛のように早稲田陣内に反撃する。だが、ゴールは遠い。

前半八分はフリーキックからシュートしたがはずれ、二十三分にもフリーキックから攻め入ったが、攻撃のフォーメーションが揃わなかった。

一点を取り返すのに、これほど苦労するとは。思えば思うほど焦ってしまう。

菊地という帝大の選手がヘディングをしようとジャンプしたが、空振りして、早大の堀江と衝突し、転倒した。

そのときである。

コートの外に出てしばらく休んでいた菊地は、再びグランドに入り球を追いはじめた。が、フラフラのままで、とてもプレーできる状態ではない。

「おい、やめろ」

突然大きな声が響いて、観客席からころげるように下りてきた者がいる。見ると内田先生だ。グラウンドに降り立ったが、気がついてみると、菊地のいる反対側である。慌ててコートに沿って半周し、ようやく菊地の腕をつかまえた。

「きみ、そのままじゃ、いかん」

少しもみ合った揚句、内田は何とか菊地をコートの外に出す。いまや肝心の菊地より、先生の息が切れてしまっていた。

「高山、一体何をしているんだ、キャプテンのくせに」

走り寄った英華に、内田先生は苦しい息のなかで怒鳴った。

「すいません」

試合は中断されたが、やがて神宮球場中に拍手が沸き起こった。

《その姿は少々漫画的だったけれど、何とかしてKさんを危険から救いたいと思うひたむきな気持ちがむき出しに見えた》(『それは昭和五年の春だった』)

と、美柯は六十年後に回想している。

部長である内田祥三が突然コートに入ったのは、もちろん反則だが、不問にふされた。しかし、菊地が抜けて、帝大は一人少ない形でプレーしなければならない。

後半も開始十三分間に、帝大は四回のコーナーキックを得ながら、どうしても得点できず、逆に終了間際ペナルティキックによる追加点を奪われて、万事休した。

このときの早稲田には、フォワードに川本泰三、バックスに堀江敏幸など、日本のサッカー史上に残る名選手たちがおり、戦前最強であった。それに対し、帝大は二対〇で敗れたものの、内容的には互角の接戦を演じたのである。

翌日の帝大新聞はチームの健闘をたたえるとともに、「内田教授走る」という見出しをつけて、部長の行動を温かく伝えた。

サッカー選手としての学生生活を終え、英華は残る短い日数を卒業計画にあてることになった。

英華は卒業計画を漁村にしようと決めている。既に漁村を対象に卒業論文を書きあげており、これと連動した設計にしたい。

《僕は大学に入った時はね、雄大なる設計をしようと思ってたんです。ところがどうもおかしいということで、途中から農村と漁村を研究したです。当時、農村の社会問題はあったけれど、農漁村計画というのはあんまりなかった。それで僕のすぐ上の兄貴が水産講習所の先生をしていたので、そこへ行って、沖合漁業とか沿岸漁業みたいなものや、東京湾の気象を調べたり、それから漁村はいったいどういうふうになっているのか、そういうのを調べて卒業論文にしたんです。設計も千葉の大原とか勝浦、あのへんを歩いて、漁村の計画をしたんですよ》（『私の都市工学』）

つまり、英華の関心は社会問題から農漁村研究へ向かい、最後に漁村計画に行き着いたのである。

西山夘三にとって、都市計画は終生住宅としっかり結びついていた。背後には都市を生活空間として考えようという彼のヒューマニズムと、住宅問題を唯物論的にとらえようというマルキシズムが両立している。また、武田五一《たけだごいち》、藤井厚二《ふじいこうじ》ら、住宅設計を得意とした京都帝大建築学科の伝統も反映されていたであろう。

他方、高山にとっての都市計画とは住宅との関係よりも、社会問題に重点が置かれていた。英華は夏休みをかけて東北地方の農村を見てまわったが、その状況はひどいものであった。慢性的な凶作のため、娘は売られ、欠食児童や一家心中なども起きている。まさに、エンゲルスが『英国労働者階級の状況』で糾弾したような状況だ。

英華の前には時代的命題が横たわっている。昭和初期の日本社会は第一次世界大戦後の不況によって、都市では労働問題、地方では農村問題といった言葉に集約される社会問題が山積していた。その底に「絶対的貧困」「社会的不平等」という社会矛盾があり、マルクスが観察したように、疎外され、解放されざる人民が厳として存在していた。

多くの青年、学生が自らの青春をマルキシズムに投じていったのも、いわばそうした社会問題を目にしたからであったろう。

(これは荷が重い……)

東北を回り、惨状を見て、英華は行き詰まった。生来東京人である自分が果たして、よく知らない東北の農村によい解決策を提案できるのか。自信も失ってしまう。

英華の旅は三陸海岸の漁村にさしかかった。

ちょうど三陸沖地震で、津波に襲われた直後である。

昭和八(一九三三)年三月三日、午前二時半すぎ、三陸海岸は岩手県釜石市東方沖約二百キロを震源とする、マグニチュード八・一の地震に見舞われた。しかも、地震はこの地がリアス式海岸であったため、津波という、さらに大きな被害を引き起こし、死者・行方不明者三千名以上、家屋全壊七千戸、流失四千九百戸近くに及んだ。

貧しい漁村で起こった災害は英華の心を打った。自らも関東大震災を経験しているだけに、自然の災害を防ぐ技術の必要性を感じる。しかも、不況、貧困といった問題を抱えているとなれば、防災だけではなく、社会問題をも解決できるような漁村計画を考えなければならない。

そんなことを思いながら、英華は被害跡を見てまわった。

（そうだ）

農村問題の解決は、非力な自分には手に余る。しかし、漁村ならばどうだろう。自分は小学校、中学校の夏休みを父の故郷に近い房総の海岸で過ごしてきたから、農村よりはよく知っているはずだ。

「よし」

夏休みの残りを、彼は自分のよく知っている千葉の勝浦、大原の漁村を歩き回ることに費やした。夜は居酒屋へ行って若者たちとも議論した。よく見てみると、漁村には建築や都市計画として改善すべき点が多くある。不衛生なドブがあり、住宅も農家よりみすぼらしい。共同風呂場を置いたり、そして何よりも漁民たちが一緒に漁業を行うための協同組合の設立が必要だ。

考えてみれば、漁村も農村と同じように問題は深刻である。さらに三陸のような津波への災害対策も考えなければならない。

(生活苦と災害、これらの問題を考えるのが都市計画だ)

英華はそう確信し、秋までに東京湾の漁業、および漁村の問題を中心に、卒業論文を書き上げたのである。

次は卒業計画だ。

英華には三陸津波の惨めな被災地のようすが、ありありと記憶に残っている。あの災害を防ぐためには、防波堤を海岸線に沿って建設しなければならない。同時に、今日の漁村が抱えている問題を総合的に解決しなければ。西山は都市計画の根幹を生活空間としての住宅に置いたが、英華は社会問題の総合的解決のほうに興味がある。それは「雄大な絵」を描きたいと思って、建築学科に入った英華の原点だった。

彼は千葉・外房にある御宿《おんじゅく》の太海《ふとみ》という漁村をモデル対象地として選んだ。

海岸に帯状に発展した小漁村で、戸数は約五百三十戸、人口約二千六百五十人。沿岸および近隣漁業が主で、漁船は小型発動機船約二十隻、小船約百隻を持つ。地勢は北に山地を背負い、海に向かって緩やかに傾斜し、海岸には磯が多い。

このような条件のもとで、漁村が不振を克服するには、漁業協同組合をつくり、力をあわせて経済行為を行うことが必要だ、と英華は考える。そのためには、生活面でも共同浴場、日用品市場、託児所などを百戸ごとに一軒ずつ計画的に設けなければならない。住宅では共同住宅に抵抗がある人々の事情も鑑み、木造平屋建てで二戸建て住宅、集合住宅の両方を計画したほうがいいだろう。

共同施設は商店、理髪店、郵便局、警察署など、公共施設、サービス施設にとどまらない。海に近いところには工場地区があり、ここは漁業に関する製造工場で、倉庫、貯蔵場などを置く。

しかも、英華のこの計画は視覚的に明確な特徴を持っていた。防波堤を利用して、スターリングラード（現ヴォルゴグラード）のような帯状都市にしたことである。

スターリングラードとは、ソヴィエト連邦が第一次五ヶ年計画（一九二八～三三）において、ヴォルガ川の要衝に建設した工業都市で、工業地区、住居地区、グリーンベルト、公園、川、鉄道、高速道路などが並行し帯状に配置されている。国家指導者の名を冠していることからも分かるように、まさに共産主義建設のシンボルといっていい。

《当時は、ソヴィエトの都市計画という、ひとつの幻想もあった》（磯崎新との対談）

と、英華も述懐している。

ソ連に関心のある者が見れば、すぐさま影響は見破られてしまう。だが、

《先生方は知らなかったね。岸田さんなんかもソヴィエトのことなんかは知らなかったんだ》（宮内嘉久との対談）

「漁村計画」は辰野金吾賞を受賞した。同賞はちょうどこの年から始められたばかりで、優れた卒業計画に与えられるから、英華の計画が高く評価された証拠であろう。この年辰野賞を受けたのは英華のほか、塚本猛次《つかもとたけじ》と野崎謙三《のざきけんぞう》であり、のちにそれぞれ日建設計、山下寿郎設計事務所の社長になっている。

ちなみに三年後には詩人の立原道造《たちはらみちぞう》が、その翌年には丹下健三《たんげけんぞう》がやはり辰野金吾賞を受けている。

しかし、いい気になっているものではない。実は彼の卒業計画がソ連の影響を受けたものであることを気づいている教員もいたのである。

卒業設計を提出した直後、英華は内田祥三から呼び出しを受けた。

彼は内田研究室の所属となっている。内田の専門は構造だが、都市計画も教えており、ア式蹴球部長であるという関係もあった。

帝大建築学科では、教員も学生も皆が内田祥三のことを畏怖している。いつも苦虫を噛み潰したような顔つきで取っ付き難いからだ。しかし、英華は不思議と内田先生を怖いと思ったことはない。幼いころに父を亡くした彼にとって、先生は父のようにも思える。また、英華の末っ子的性格が内田にとって、親しみを感じさせたこともあったろう。

「卒論はよくできていたな」

卒業設計「漁村計画」全体鳥瞰、配置図

英華が研究室の扉を閉めるなり、内田先生は無造作に言った。卒業設計よりも前に出していた卒論のことである。

「蹴球ばかりかと思ったら、地理学や社会学などにも目を向けている。よくやった」

「……」

「ところで、君の就職のことだが」

昨年末、英華は内田と相談して、就職先を同潤会と決めていた。

竹腰重丸や中島健蔵のように、蹴球部の指導をするため、大学に残ることも考えたが、高山家は大学院に進むほど豊かではない。一年先輩の関野克《せきのまさる》などは進学して建築史を研究しているし、都市計画ならば、市浦健《いちうらけん》などの先輩たちが三十歳前後になって、まだ研究室でウロウロしている。だが、あんなまねは自分にはできないと相談に行ったら、

——じゃあ、同潤会がいいだろう。

と言われた。同潤会は関東大震災後に帝都復興事業の一環として住宅供給を目的として設立された公的組織である。理事を内田祥三がやっていて、会の幹部に口を利いてくれることになっていた。

だから、先日も級友から

——高山は大学に残るのじゃないか。

と、探りを入れられたときも、

――そんなことは絶対ないよ。

そう答えていたのである。

ところが、と内田は言う。

「どうも同潤会の組織は縮小されてしまうようだ」

内田によれば、同潤会の住宅建設は今年竣工する江戸川アパートを最後に、大きな建設計画は予定されていないらしい。

「わしは、同潤会がもっと社会改良事業に乗り出していくべきだと考えていた。あそこの本来の使命は東京の貧民窟や疲弊した地方を活性化することだ。だから組織を強化して、東京に数多く残っているスラムを解決し、貧しい農村を振興し、社会改良に役立てるよう提言していた。高山君にもぜひそれをやってほしいと思っていたんだ」

同潤会とは広く庶民を潤す組織という意味である。いま世は大恐慌による不況で人々は飢えと貧しさに打ちひしがれているが、この状況を何とかしなければならない。そう思っている英華にとって、内田先生の主張はまさに同感だった。

「そういうことで君の就職も、会のお偉がたと話はついていたんだが」

どうも、内田が得た情報では、同潤会の組織自体が縮小方向にあるという。世の不況は財政を圧迫し、同潤会も地震で被災した人々のための住宅建設が一段落したところで、使命は終わったという声が出ているとのことだ。

「いまでも同潤会に就職はできる。しかし、行っても、君が考えているふうには、どうにもならない。だとしたらつまらないだろう」

「……」

確かにそうだ。でも、どこかに就職もしなくてはならない。どうしたらよいのか。

「それでだ」

内田は、英華の目を真正面から見て、大きな声で宣言した。

「君、大学に残れ」

「えっ」

家の経済状況で大学院に進めないことは、既に内田に説明している。にもかかわらず、大学に残れというのだ。

不思議そうな顔をした英華に、内田はつづけた。

「進学じゃない。助手になれ。月給七十円だ」

「……」

英華は声も出ない。月給がもらえるなんて考えたこともなかったからである。それに助手となると学者の卵だが、大学時代をサッカーに費やした英華はあまり勉強もしていない。卒業設計で辰野賞を受けたのは「まぐれ」だし、同時に受賞した塚本猛次や野崎謙三などと比べると、出来は劣る。日ごろの成績を入れたら、さらに下位になってしまうだろう。そんな怠け者で、運動しか能のない学生を助手にしてよいのだろうか。

「今井先生らと『都市学会』を設立したことは、君も知っているな」

「は、はい」

それは西洋史学の立場から都市を研究している今井登志喜《いまいとしき》、地理学の木内信蔵《きうちしんぞう》、医学部の田宮猛《たみやたけし》そして建築の内田祥三に、学外の佐野利器らが中心になって、都市問題を総合的に研究しようというものである。帝大の各学部にわたる教授、助手、研究員、学生および大学以外の諸団体、行政機関に在職している人々らが参加し、英華も入会しようとしていた矢先だった。

「講演会や研究会から始めたが、今後は総合的研究をする予定だ。不良住宅を選び、日本学術振興会や同潤会から補助金を受けて、実地調査や文献研究などを進める」

そこで事務局を大学図書館の一角に借りたので、英華をその担当にしたい。

「やはり都市が中心になりますか」

「農村も何とかせにゃならん。特に東北地方の問題は喫緊《きっきん》だ」

帝大は総合大学といっても、各学部が集まるのは六大学野球の応援と山上御殿で食事するときだけという笑い話がある。それを内田は大学の力を結集して都市や地域の問題解決に集中しようというのだ。自分が西山夘三らと話をしていることが、早くも大学レベルで実現しようとしているると知った英華は興奮して、つい西山やデザムのことなど口を滑らせてしまった。

「なに、君はそんなものにまだかかわっているのか」

しまった。

内田は即座に言い放って不機嫌な顔に戻る。

「早く足を洗え」

実際にはかかわろうにも、西山は正月明けに入営し、斎藤謙次らは特高警察に逮捕されて、青年建築家クラブは事実上崩壊してしまっていた。もっとも正体が他愛のないものだと分かって、逮捕された連中もすぐに釈放されたが。

「そんなものにうつつを抜かさず、研究費を出させるから、外国の事例を調べろ」

「事例といいますと」

「君の卒業計画みたいな例だ」

英華の漁村計画に、内田祥三は都市計画の未来を見た。都市計画で最初に必要なのは社会調査だが、調査結果をもとに、最後は建築技術者が図面を引かなければならない。そのときのために、防災や交通を考慮に入れ、どう敷地割し、施設を配置するかということを、研究しておく必要がある。いわば都市の大きさ、密度、敷地割といった、都市全体の形態をどう扱うかが、建築の担うべき都市計画なのではないか。内田は英華の卒論と計画に、建築学が都市計画にどう取り組むべきかという問題の方向性を感じ取ったのである。

「君の計画をスターリングラードの模写だとわしに耳打ちしてきたバカなやつもいた。聞くと外国雑誌に載っていたという。しかし、それなら高山君が外国の事例まで、よく勉強しているということで、非難すべきことではない。あの帯状漁村は防波堤を軸とした防災計画だし、背後の住宅は地域計画へと広がっている。しかも、全体として、漁村振興など、社会の改良を目指した立派な計画だ」

だから、と内田はいった。

「もっと、外国の建築雑誌を読んで、参考になるものを全部あさりつくせ」

そうした研究をやるべきだと同潤会を説得して、内田は五百円の研究費まで出す約束をさせたという。

「それでいいんですか。ぼくは助手になれるんですか」

「決めるのはわしだ。君じゃない」

内田先生は思い出したように、付け加える。

「そうすれば、サッカーも続けられるだろう」

英華はあっと思った。実は竹腰重丸監督も内田の骨折りで、帝大の体育講師に採用されることになったばかりだったからである。会社勤めでは、サッカーに専念できないことから、内田が大学に交渉した結果であった。

英華が助手になれば、竹腰や中島と一緒に、蹴球部を指導していけるだろう。

「高山、君にはオリンピックもあるからな」

竹腰を帝大が雇うようになったのも、二年後の昭和十一年に開かれるベルリン・オリンピックでチームのコーチとして、名があがっているからである。

竹腰だけではない、高山も有力な選手候補だ。当時のアマチュアスポーツは学生中心である。社会に出すよりも、大学にいさせたほうが、サッカーを続けるのにはよい。それと都市学会の事務局、海外事例調査とを兼ね合わせて、内田は英華を助手として残すことにしたのである。

「だから、当面外国雑誌を一日中見て過ごせ」

「ずっとですか」

「贅沢をいうな。もちろん、たまには運動も必要だから、グラウンドでボールを蹴ることは許す。都市学会は大学図書館の一室を借りきっていて、今井先生の娘さんが秘書としているから、お前にもお茶ぐらい出してくれるだろう、美人で評判だ」

そのとき英華の脳裏には、まだ会ったことのない今井の娘の代わりに、内田美柯の像が浮かんだ。しかし、それとこれとは関係がない。すぐ頭を横に振って、妄想を払う。

助手になれば収入も得られるし、サッカーも続けられる。しかも、取り組めるのは都市計画という、英華が念願していた研究だ。こんないい話はない。

(これも内田先生のおかげだ)

その先生の弟子であることに、彼は至福を感じた。怖いとか、気難しいとか、いろいろ言われるけれど、先生はそんな人では決してない。本当に偉大な方だ。

すべてをよい方向に解釈する性格を、英華は持っている。そしてその明るさが、周囲の人々に彼を援助させ、本当によい方向に変えてしまう。

昭和九（一九三四）年三月、高山英華は東京帝国大学建築学科を卒業し、月俸七十円で同大学助手に任じられた。

だが、この年、東北では冷害、西日本では干害、関西では風水害に襲われ、日本は稲実収高五千百八十五万石の大凶作に見舞われた。そして八月、ドイツではアドルフ・ヒトラーが国家総統に就任し、独裁権を確立した。

英華の喜びとは裏腹に、世界は破滅に向かって、刻一刻と近づきつつあったのである。

4

都市計画へ

大学助手となってからの、英華の初仕事は『外国に於ける住宅敷地割類例集』（以下、『敷地割類例集』と略す）の作製であった。

二年後の昭和十一（一九三六）年四月に発行されたその報告書では、岸田日出刀教授と高山英華の共同研究、内田祥三教授の校閲という形になっている。

当時は外国留学をする者は少なく、海外の情報を得ることもままならない状況であった。外国、特に欧米先進国の建築や都市計画雑誌を取り寄せることが、情報を仕入れるほとんど唯一の手段だったといっていい。そうした雑誌から、都市計画や集合住宅の配置図実例を集め、分類整理して一種のカタログをつくったのである。

『敷地割類例集』は二百六十六頁に及び、四百十一例が十二章に整理されている。

一．基本的敷地割（街角、袋路、張出道路、廓内公園、標準外廓）
二．袋路、張出道路、廓内公園等を応用した実例
三．敷地置換に関するもの
四．特別地形に於ける敷地割Ⅰ（三角形等不整形の敷地の解決法）
五．特別地形に於ける敷地割Ⅱ（傾斜地に於ける敷地割の研究及実例）
六．小規模の一般的敷地割
七．耕作地を有する細長き敷地割
八．アパートメントを主体とした敷地割
九．直線的敷地割を主としたもの
十．一団地の住宅地計画（主として英、米の田園都市住宅地計画）
十一．一団地の住宅地敷地割
十二．都市計画の一部としての住宅地計画

ドイツ、イギリス、アメリカなどの一九一〇年から一九三〇年までの建築雑誌を中心に集め、特にドイツからは二百十三件、事例百六十六と他国を大きく上回る。田園都市、田園郊外の例が一章を設けて紹介されているなど、当時の都市計画思潮を反映しているものの、勃興しつつあったモダニズムはワルター・グロピウス設計が三例あるにすぎない。

これは編集を指導した岸田日出刀の方針によるものであろう。岸田はオーストリア世紀末の建築家オットー・ワグナーを論文に書くなど、十九世紀末ドイツ建築の専門家だったからである。規模も小さく、類例も都市計画というより、住宅建築が複数並んだときの配置計画が中心だ。一章から七章までは戸建て住宅、八章になってアパートメント、十章・十一章が「一団地の住宅地」で、十二章になって、はじめて「都市計画」という言葉が章名に現れる。それも「都市計画の一部としての住宅地計画」と、あくまで「一部」であり、住宅地中心だ。

その十二章の末尾に近い四百九番目の類例に、英華が卒業計画の参考にしたスターリングラードの帯状都市が見いだせる。一九三二年発行のアメリカの雑誌 "Arichitectural Forum" 五月号、ドイツの雑誌 "Wasmuths Monatshefte für Baukunst" 十一月号からの出典だ。

事例を集め、編集する作業を、英華は「複写を鳥畑さんという技官」（磯崎新との対談）に「乾板で」複写してもらいながら、進めていったという。複写印刷技術が今日とは大きく違う時代のことだから、ずいぶん手間がかかったことだろう。

しかし、途中で兵役があったため、英華は完成まで仕事をつづけられなかった。

《当時、ぼくは四月に卒業してすぐ五月に徴兵検査を受けて、入隊が決まっちゃった。その次の年の一月に入るわけですから、初めはあまりなかったんだけれども、そのときに学校の図書室で全部の雑誌を複写して、「外国に於ける敷地割類例集」というのを一番先につくったわけです。五百円ぐらいの研究費をもらって……。（中略）敷地類例集の第一巻は、ぼくがほとんど整理する

余裕がないままに兵隊に入っちゃったから、あとを岸田（日出刀）先生が大まかにやってくれたんですよ》（磯崎新との対談）

つまり、英華がいなくなってからは、岸田が指導し、英華の一年後輩で、『敷地割類例集』に「協力者」として名前の載っている宇津木三郎《うつぎさぶろう》が作業をつづけたのであろう。完成直後、岸田はドイツ留学に出発しているが、あるいは『類例集』は留学の下調べの意味を持っていたのかもしれない。

他方、召集された英華は過酷な軍隊生活に直面していた。それまで大学卒業者の兵役は幹部候補生として一年間入営するものの、訓練の内容は比較的楽だった。翌年は見習士官勤務の一か月だけですむのが通例である。

ところが、英華のとき、軍部の方針で、大学卒の幹部候補生でも、最初の一年間は特別扱いせず、普通に召集された者たちと一緒に訓練する形に変わってしまった。

《その年に当っちゃったんだ。それだから、一番柄の悪い、こう、クリカラモンモンの人達も、山梨からやってくるんだよ。それで、ぼくは東大の助手で天皇機関説、美濃部、マルクス主義……、バーンと、毎晩往復ビンタですよ。顔見ただけで》（宮内嘉久との対談）

一年前の西山夘三は、技術幹部候補生として、厳しい教練や行軍などをやらずにすんだ。そのため、西山の自伝『生活空間の探求』に描かれている軍隊生活は、弟子の住田昌二《すみたしょうじ》が驚くように「意外と……伸びやか」でさえある（『西山夘三の住宅・都市論』）。

ところが、翌年の高山英華は一年間厳しい訓練と古年兵たちのいじめにぶつかった。満州事変から四年がたち、美濃部達吉《みのべたつきち》の天皇機関説が貴族院で攻撃されるなど、世は右傾化を強め、軍事国家の道をひた走りつつあったのである。

明け方五時に起床、馬の足を洗うことから、日課は始まる。日中は教練と行軍がつづき、夜は制裁の的になることが多かった。

《苦労したよ。それはやっぱり運動してなきゃ、とても……。それでずいぶん病気になったりした人がいましたよ》(宮内嘉久との対談)

英華は弱音を吐くことの少ない人間である。持ち前の明るさで難関に立ち向かい、周囲の空気をなごませながら、問題を突破してしまう。その姿勢は常に前向きだ。

しかし、宮内嘉久に語る軍隊時代の体験は、珍しく悲惨さを帯びている。運動部でも経験しなかった過酷さを、軍隊で味わったのであろう。

ともあれ、そうした苦労を乗り越え、英華が除隊することができたのは、昭和十一年一月十九日であった。

当日、英華にはさらに大きな喜びが待っていた。

その年八月に開催される、ベルリン・オリンピックの日本サッカーチーム選手候補に選ばれたのである。

同年の雑誌『蹴球』四月号は、一月十九日「オリムピック派遣選手銓衡委員会」が開かれ、

「第一次候補者」として、以下の二十五名が選ばれたことを伝えている。

《選手氏名
F・W　市橋時蔵（慶大OB）　右近徳太郎（慶大）　加茂正五（早大）
川本泰三（早大）　加茂健（早大）　金永根（崇実）　高橋豊二（帝大）
西邑昌一（早大）　播磨幸太郎（慶大）　松永行（文理大）
H・B　石川洋平（慶大）　種田孝一（帝大）　金容植（普成）
小橋信吉（神戸高商）　笹野積次（早大）　関野正隆（早大）
立原元夫（早大）　高山英華（帝大OB）　吉田義臣（早大）
F・B　鈴木保夫（早大）　竹内悌三（帝大OB）　堀江忠男（早大）
G・K　上吉川梁（関大）　佐野理平（早大）　不破整（早大）》

早大の選手が十二名と多いが、帝大も現役の高橋豊二《たかはしとよじ》、種田孝一《たねだこういち》、OBの竹内悌三《たけうちていぞう》、高山英華と合計四名が候補に選ばれている。派遣選手銓衡委員会の五人の委員の一人、竹腰重丸もコーチとして、チームに加わることになった。

この決定は、三月九日の大日本蹴球協会理事会でも確認されている。

英華は過去数年、極東大会などの国際試合で、ずっと日本チームのレギュラーの一人だった。ベルリン・オリンピックでも、代表に選ばれるのは当然だったろう。このチームはオリンピックの晴れ舞台で、優勝候補スウェーデンを三対二で破るという大金星をあげるのだから、順当にいけば、彼が日本サッカー史上にいう「ベルリンの奇跡」を打ち立てる一人となっていたことは間違いない。

だが、六月二十日、シベリア鉄道でヨーロッパに向かうため、東京駅を出発した日本チーム十六名に、高山英華の姿はなかった。候補だった帝大学生・OB四名のうち、彼の名だけが漏れたのである。

《ベルリンのときに行くことになったけど、（中略）泳ぎに行ったら盲腸になっちゃって、で、切って、見習士官を一年延ばしたんです》（宮内嘉久との対談）

一年間兵役をしたので、英華はベルリンに出発する直前の一か月間、見習士官勤務を済ませる必要があった。

ところが、入営直前に盲腸を発病してしまったのである。

いままで、英華は自分を幸運な人間だと思ってきた。中学や高校ではサッカー、バスケットボールで優勝したし、帝大卒業後も、内田先生のおかげで、助手に残ることができた。それが去年入営してから殴られてばかり、まるで今までのつきが落ちたように、よくないことばかりに見舞われはじめたのである。

自分も加わるはずだったチームがベルリンで強豪スウェーデンを破ったという報を聞いて、英華はサッカーをやる者としての素直な喜びとともに、複雑な気持ちをも味わったであろう。まさに踏んだり蹴ったりであった。

だが、実のところ、運は英華を見捨てていなかったのである。盲腸は英華のオリンピック出場をとどめただけでなく、見習い士官から少尉への任官も一年遅れさせた。そして英華より一年早く少尉に任官した同期の将校たちは、三年後の昭和十四年に召集されて大陸に渡り、満蒙国境で勃発したノモンハン事件に駆り出されたからである。

《そんとき少尉になった人はノモンハンへ行って死んでんだよ、みんな。だから、危ないんだよ。そんときオリンピックへ行ったり盲腸をしてなければ、少尉になって、ノモンハンへ行ってて……。野戦重砲は大砲をつなぐんだからね。馬六頭で砲身と砲座っていうのを分けて引っ張ってんです。で、つないで撃つわけだよ。演習のときには空砲でまず撃っとけと、つながないで撃って、音だけですよ。実弾じゃそうはいかない（笑）。つないでいる間に、向こうが戦車に乗って来るんだから。それでやられちゃった。かわいそうにねぇ、ぼくと同年だな。入隊して少尉になったのがみんな死んじゃったよ》（宮内嘉久との対談）

ノモンハン事件が、昭和十四年五月から九月にかけて、満州国・モンゴル人民共和国の国境線をめぐり発生した日ソ両軍の国境紛争事件であることは言うまでもあるまい。辻正信《つじまさのぶ》ら参謀たちの強引な作戦により、日本陸軍はソ連機甲部隊の前に七千七百二十名の死者を出して惨敗した。

火砲の射程でいえば、日本の最長は十センチカノン砲の一万八千メートルに対し、ソ連は十五センチカノン砲が三万メートルというほど、兵力には大きな差があった。しかも、見晴らしのいいコマツ高地など、敵に地の利を確保された日本の砲兵隊は、相手の布陣も見えぬまま、日露戦争以来の古い火砲を撃ちつくして、司令官は自決、将兵は歩兵となって敵中に突入するしかなかったのである。

機械化装備の遅れ、物資の補給不足、そして過剰な精神主義は、こののち第二次世界大戦でも繰り返される日本陸軍の病弊であった。

――兵卒は勇敢で、将校は頑強だが、参謀たちはまったくの無能だ。

ソ連軍を率いたゲオルギー・ジューコフ将軍はスターリンにそう報告したという。

前線で戦う兵は将校から兵卒にいたるまで、無責任な参謀たちの将棋のコマとして、不条理に死んでいかざるをえない。戦争の非情な宿命だが、特に日本軍においては甚だしかった。中学・高校の時代から、英華が大嫌いだった体育会的な風土である。

高山英華はのちによく、

――俺がこうしているのは偶然だ。本当は満州で死んでいたよ。

と、弟子たちに漏らした。そうした思いは、戦中派の多くに共通したものだろうが、英華にとって「満州」とはノモンハンであったに違いない。

ちなみに、ベルリン・オリンピックに参加した帝大選手・OB合計三名のうち、第二次世界大戦で生き残ったのは種田孝一、一人である。高橋豊二は二・二六事件で殺された政治家高橋是清《たかはしこれきよ》の孫で、戦争中訓練死し、竹内悌三はシベリア抑留で病死している。英華の世代こそ、まさに戦争に駆り出され、死んでいった世代であったのだ。政府委員会・審議会の委員長や会長、委員を多く務めながら、叙勲を辞退しつづけたのも、国家というものへのこだわりだったのかもしれない。

しかし、盲腸手術を終えたばかりの英華にとって、三年後に起こるノモンハン事件も、その後に起こる太平洋戦争も、今は知る由もない。退院し、見習士官の勤務を一年遅らせた彼は、入営の前にやり残していた仕事を完成させようと考えた。つまり、『外国に於ける住宅敷地割類例集』続編の作製である。

前に続けていた作業は、既に岸田日出刀がドイツ出発直前に完成していた。だが、英華は内容が不満で、別のものを出したかったのである。

「内田先生、この二年間で、フランスから新しい建築雑誌『ドージュルディ』が出るなど、われわれが得ることのできる資料は増えています。何とか、やりなおしてみたいのですが」

「単なるやり直しではまずいな。前のを『正集』とし、『続集』をつくるということなら、同潤からもらった金はまだ残っているからやれ」

二年後の昭和十三年三月にできあがったその『続集』は、二百十七頁、三百七十七例と、『正集』と同程度のボリュームを持つこととなった。

章立ては次のとおりである。

Ⅰ．基本的敷地割計画
（1）道路交叉並びに街角に於ける敷地割及建物配置
（2）敷地内に於ける建物の配置及街廓の敷地割
Ⅱ．一団地の敷地割計画
（1）各国に於ける一団の住宅地
（2）工業地に於ける住宅地
Ⅲ．田園及農村に於ける住宅地計画
（1）田園都市住宅地
（2）家産地的住宅地
（3）農村に於ける住宅地
Ⅳ．大都市に於ける住宅地
（1）都市近郊の市民ジードルンク住宅地
（2）都市内部のアパートメント住宅地
（3）都市に於ける一団の近隣単位住宅地
（4）都市住宅の高度及配列
（5）都市計画的敷地割

校閲が内田祥三であることは同じだが、研究者は高山英華一人となっている。留学中の岸田ははずれ、前回と分量は同じものの、報告書の性質はかなり異なっている。

主たる違いとして、次の四点があげられるだろう。

まず、章立てを見ても分かるように、内容がよく整理されている。岸田を中心として編纂された『正集』では、十二の章はいわば寄せ集めであった。対するに『続集』は大きく四章にまとめられ、その流れも建築敷地割から団地へ、そして田園・農村、大都市へと次第にスケールが大きくなっている。また章の下に項が設けられ、住宅団地と工業団地、アパートと近隣単位など、内容ごとに整理されていて、全体として明快かつ体系的だ。

第二に、『正集』はあくまで敷地をどう区切るか、配置をどうするかという、戸建て住宅群の敷地計画技法が中心であったのが、『続集』では後半のⅢ・Ⅳ章で、田園都市や「輝く都市」、ジードルンク、近隣住区、ラドバーンシステムなど、都市計画の類例が収集されている。つまり、『正集』で最後の十二章で少しばかり触れられた「都市計画」が、『続集』では中心となって、全体的に「敷地割類例集」というより、文字どおり「都市計画類例集」に進化している。

第三に、上記の変化を支えているのが、対象とする類例の広がりである。『正集』で紹介されている事例・引用雑誌がドイツ中心だったのに比べ、イギリス、アメリカ、ドイツ、フランスなど欧米各国の例がほぼ均等に集められている。特に『正集』ではゼロだったフランス雑誌・書籍からの引用が五十一回になり、フランスの事例も一から四十二に増加している。

最後に、最も顕著な違いとして、『正集』ではほとんど触れられていなかったモダニズムが十六例紹介されている。うち九例はル・コルビュジエによるもので、アルジェの帯状都市などが彼の新著『輝く都市』から引用されている。昭和十一年、英華は『建築雑誌』に「コルビュジエの都市計画」を紹介しているが、これも彼の先見性を示すものだ。

ル・コルビュジエのもとで修業して帰国した前川國男の、帰国して開いた建築事務所に、英華はよく出入りしていたらしい。

《高山は事務所にときどきやってきていたね。彼はサッカーの選手だろ？　ぼくの弟（前川春雄）がサッカーをやってたんだ。そんな関係もあったりでね。銀座商館の事務所でコンペなんかやっていると、高山がやってきて、使い走りをしてくれるんだ。早いんだよ、駆けるのが。焼き芋買ってきたり》（前川國男『一建築家の信條』）

ここでいう前川の弟、春雄《はるお》はのちの日銀総裁である。英華の交際範囲に、常にサッカーが関係している好例だ。

以上をまとめれば、ドイツを中心とした十九世紀型「建築配置計画の類例集」であった『正集』に比べ、『続集』は欧米各国の事例を満遍なく採取し、モダニズムも含めてまとめあげた二十世紀型「都市計画類例集」に発展しているといえよう。

《本書を学術的に見れば近代住宅地計画の考察とも名づけるべき論文の附図とも考えることがで

きる》

と、校閲にあたった内田も『続集』の序文で絶賛している。

内田祥三は帝大キャンパス計画に若い弟子たちを使い、安田講堂の設計では岸田日出刀を起用したように、他人の才能を見極めるグランドデザイナーとして極めて高い能力を持っていた。そんな彼が弟子の独力でやり遂げた『続集』に、目を洗われた思いをしたのである。

帝都復興事業以来、内田は師の佐野利器とともに、建築の研究者が都市計画を行う必要性を痛感してきた。経済や政治、歴史、社会学の学者らとともに、「都市学会」を設立した理由もそこにある。だが、建築に携わる者が都市計画にかかわるには、調査だけではなく、都市の大きさや形態、密度、配置を定め、それに基づいて紙の上に線を引き、図を描かなければならず、その理論的根拠が必要である。佐野利器が苦労して構造力学を発展させ、建築学を学問として確立したように、都市計画も恣意的に絵を描くのではなく、学問的裏付けが必要なのだ。

(そうしないと、調査や分析だけでは、社会学や経済学の人間にはかなわない)

都市経済学や都市社会学は既存の学問の延長として、発展させることが可能だろう。土木だって、道路や交通を中心にすれば、都市計画にたどりつける。

(建築の分野でも、工学として都市計画学を打ち立てる何かを見つけなければ)

早稲田大学の建築学科の教員には、都市美といったデザインや、今和次郎《こんわじろう》のように考現学といったユニークな調査法を編み出し、都市計画を考えようとしている人もいる。だが、正統的な内田にはそれらが学問とは到底思えない。そして学問にならなければ、日本最高の帝国大学で教える意味もないのである。

そこで内田は都市防災にたどりついた。ちょうど意匠優位を排して、佐野利器が構造力学を確立したように、防災をのばしていけば、実験と実証に裏打ちされ、数字として現せる工学としての都市計画学を確立できるだろう。

自らも構造学者であり、周到な内田らしい、目の付け所であったといえる。

だが、彼は構造とは別の、もう一つの側面、つまり帝大キャンパスを再建し、実地に弟子たちを教えた「何でも屋」としての側面を持っていた。防災で都市計画学の地歩を固めつつも、それだけで都市を計画するには不十分だと内田は感じる。自分が本郷キャンパスでやったようなグランドデザインの仕事。それこそ、今後の東京をはじめとする大都市で、建築の人間が腕を振るわなければならない都市計画のはずだ。しかも、それは建築意匠のような個人の美術的才覚によるのではなく、体系化された理論を持たなければならない。

(そうしたわたしの求めているものが、高山君のまとめた本には詰まっているような気がする……)

はっきりと理解できぬまでも、内田はそう感じた。いままでサッカー選手としてしか見ていなかった学生が、都市計画に興味を持ち、能力を持っていることが驚きでもあり、喜びでもあった。

特に、内田が感心したのは、外国雑誌をつぶさに調べ、資料をまとめあげた英華の編集能力ともいうべきものである。

細かいことを重箱の隅をほじくるように研究する学者は多いが、『敷地割類例集』の章立てのように大摑みでまとめあげられる者はまれだ。実践的にプレーするサッカー選手としての英華の能力は、都市計画でも生かせるのではないだろうか……。

（思えば、それこそが自分の求めていたものだ）

かつて帝都復興事業で佐野を手伝い、自らも帝大本郷キャンパスをプロデュースした経験から、内田はそう思った。

以後、彼は都市学会だけではなく、官僚との話し合いにも、英華を連れていくことにした。

《私は内田先生に都市計画とか農村計画とか都市防災のことを教わりました。内田先生はやはり初め都市計画のほうに入られていまして、私を都市計画の東京地方委員会というところに連れて行かれました。その当時の役所のラインは、いわゆる法律の方々が持っていて、非常に強い権限の内務省でありましたが、そこにスタッフとして都市計画委員会の勅任技師に土木の石川栄耀さんと建築の菱田厚介《ひしだこうすけ》さんと造園の北村徳太郎《きたむらとくたろう》さんがおられまして、この三人の方に私たちの年代は非常に薫陶を受けました》（『私の都市工学』）

戦前の都市計画は中央の内務省が定めることになっている。それも実権を握る大臣官房都市計画課の課長は、歴代法科系官僚によって占められ、土木、造園、建築などの技術者たちは地方委員会という、内務省の出先機関に属していたのである。こういった、いわば不遇な状態にありながら、勅任技師たちは石川栄耀に代表されるように、やがて都市計画に腕を振るうべく英気を養っていた。内田はその日がいつか必ず来ることを見越して、英華を引き合わせておいたのであろう。

昭和十三年には都市計画の講座がないまま、高山英華を無任所の助教授、すなわち高等官七等、十二級俸二百五十円の地位に抜擢までした。大学を卒業してから、わずか四年しかたっていない。一年先輩で大学院に進学した関野克は、いまだ建築史研究室の助手であった。

英華抜擢の直接の理由は、助教授が一人死亡し、ポストが空いたからといわれる。

《本郷は、内田先生が講義をしていただけです。ぼくも、内田先生のあとの講義をしていた。だけど、講座はない。だから、ぼくはどっかの籍の講座で、助教授になった――だれか、亡くなった後に》（磯崎新との対談）

この「だれか、亡くなった」人とは、井坂富士雄《いさかふじお》だと思われる。昭和三年卒で、英華より六年先輩にあたるが、『高等建築学四――土の力学』という著書があり、論文も「粘度中に於ける模型独立杭の耐力と杭群の耐力」「基礎の不同沈下の影響に関する研究」など、基礎工学が専門だった。

その後任に、内田は構造ではなく、都市計画を専門とする英華を任じた。しかも、井坂の同期に市浦健という都市計画の優秀な研究者がおり、当時日本大学工学部予科教授だったにもかかわらず、若い英華を起用したのである。

期待がいかに大きかったかの表れであろう。

普段の内田祥三は用心深い男だ。だが、時に思いがけぬ決断をする。安田講堂の設計に、まだ二十代だった岸田日出刀に起用したことなどはその好例だが、今回は英華の助教授任命となったのである。

それほどまでに、当時の内田が帝大建築学科における都市計画学の確立を急務と考えていた証左であろう。そのために必要なのは、託すべき若い人材であり、人材を見いだし、抜擢する内田自身の眼力にほかならない。

漁村を対象にした卒業設計、そして『敷地割類例集』の編集で、内田は身近にいた男の意外な才能を見いだすに至った。彼が部長をしているア式蹴球部のキャプテンだった高山英華である。いままで愛すべき男だとは思っていたが、運動神経以外の能力は夢にも想像していなかった。助手として残したのも、半ばベルリン・オリンピックに出場させるためだったのである。それが思わぬ形で才能を発見することになった。

果たして、内田の人事は功を奏するだろうか。

「高山君、今度わたしと一緒に大陸へ行ってくれないか」

英華が内田からそう声をかけられたのは、昭和十三（一九三八）年六月、建築学科の助教授に任ぜられたばかりのときだった。

「女房の弟が満州にいて、建築と都市計画をみてくれないかというんだ。断れなくてね。大同《タートン》という街だ。君と祥文《よしぶみ》を連れていく。あと郊外に、伊東忠太先生が発見された有名な石窟があるので、関野克君も同行したいと言っている」

関野克とは関野貞名誉教授の息子で、英華より一年先輩、父と同じく建築史を専攻し、いまは助手だ。

もう一人の祥文は内田祥三の長男。英華より三歳下で、日大建築学科を卒業したあと、今年から東京帝国大学工学部大学院に進学して、岸田日出刀、浜田稔《はまだみのる》両教授の指導のもとで学びはじめたばかりである。祥三以外の三人は二十代の若者だ。

それにしても外国旅行嫌いの内田先生が行く気になったのだから、奥さんから強く言われたのだろう。

「どうか頼むよ」

いつもの威厳はどこへやら、英華を頼りにするふうだ。内田先生が弟子たちにはあまり見せない顔である。

そんなふうに行きたくもない大同に内田を赴かせたのは、妻の弟である橋本乙次《はしもとおとじ》が当時中国で働いていたからであった。

《おもしろい人なんだ。豪傑みたいな人で、それで心配して、見てきてくれ、と言ったらしいん

だな、奥さんが。（笑）》（磯崎新との対談）

内田は妻に弱い。何しろ美人で、女学校に混雑する市電で通っていたころは、家へ帰ってみると、袂に付け文が入れられていたこともあったという。見合いしたときも、三十代の祥三はすぐ乗り気になったが、旗本の家系を誇る相手の親は、米屋の倅《せがれ》に娘を嫁に出すことをなかなか承諾しなかった。そこを拝むように頼みいれて、妻になってもらった経緯がある。

もっとも、内田が妻に尻をたたかれて出かけたという話は、英華一流の脚色かもしれない。

《何か、向こうでは自由にやれる》（前掲書）

という、都市計画を志す者を魅惑する雰囲気が、当時の中国大陸にはあったからである。日本ではなかなかできない都市計画を実現できるということで、佐野利器も満州に乗り込んだし、内田の同級生である笠原敏郎《かさはらとしろう》は満州国の首都新京《シンジン》（現・長春《チャンチュン》）の営繕局長になっていた。早稲田出身の秀島乾などは大学を卒業するや、大志を抱いて日本海を渡り、その新京の都市計画に取り組んだくらいである。

もっとも、今度内田や英華らが向かう大同は、誤解を避けるためにいえば、満州国の都市ではない。前年七月の盧溝橋《ろこうきょう》事件により、山西省を制圧した日本軍は傀儡《かいらい》政権として、晋北《チンペイ》自治政府を設立した。大同はその首都である。

地理的にいうと、中国と内モンゴルとをつなぐ交易の中心地であり、京包《チンパオ》・同蒲《トンプー》の二つの鉄道が交差し、古来より軍事・交通・経済の要地として栄えた。西二十キロメートルの地に世界文化遺産の雲崗《ユンガン》の石窟がある。

付近の農産品を集散する地でもあり、南西には露天掘りの大炭田地帯を控えている。できたばかりの晋北自治政府では、多くの日本人顧問が働いていた。内田に依頼した橋本もその一人であった。

《その人が内田祥文君を非常にかわいがっていたんです。文学や音楽を教えて、ね》（磯崎新との対談）

いま内田祥文の写真を見ると、父祥三とは対照的に繊細な秀才を思わせる風貌である。妹の美柯によれば、祥文は小さいころから祖母に「甘やかされて」育ち、質実剛健な父とは正反対の、都会的で、年長の人に可愛がられる性格だったという。

病弱で開成中学から日大に進んだが、クラッシック音楽を好み、デザイナーとしての才能があった。

自分にない素質を持つ息子に、父祥三は期待をかけていただろう。

大学を出ると、帝大大学院に進んだ祥文は浜田稔と岸田日出刀という二人の教授についた。本人の興味からすれば、意匠の岸田研究室だったろうが、浜田研が主であったのは、父の勧めがあったからと思われる。病弱の息子を学者にしたいと思った祥三は、意匠を専門とすることに危うさを感じた。何しろ、帝大では「建築設計」という名称で講座が設けられなかった時代である。それより工学系のほうが、学者になるのは容易だ。意匠や設計は建築家の活動としてやればよい。息子の将来を思って、祥三はそう考えたのだろう。

あるいは浜田が建築不燃の専門家であることから、内田自らのテーマの一つである都市防災を、息子に引き継がせようとしたのかもしれない。

内田祥文は高山英華とも年齢が近く、仲が良かった。蹴球部のこともあって、英華は内田家によく出入りしている。

「高山さん、前から思っていたんですが」

大同の橋本家に滞在中、夜遅くまで二人で話し込んでいて、祥文は改まった声で英華に言った。英華と好対照で、体格も華奢《きゃしゃ》でものの言い方もおとなしい。

「妹を嫁にもらってくれませんか」

祥文の言葉は英華に驚きだった。祥文の妹といえば、早稲田との試合を見にきてくれた美柯のことである。

しかし、いつかはそう言われると予感していたような気もする。自分でも望んでいたような。

「どうでしょう」

「……」

「そりゃあ、兄のぼくから見ても、あいつは気が強くて、女房にするには大変でしょう。でも、妹もあなたのことを憎からず思っているような気がするんです」

確か美柯さんは二十一歳だ。府立第三高等女学校から高等科に進んで、卒業したばかりのはずである。

内田家にお邪魔すると、時折顔を合わせるものの、あまり口をきいたことはない。話すときも、相手の目をまっすぐに見る、はっきりとした性格の女性である。

母親似で美形だし、そこに知性が加わっている。師の娘さんということで、英華のほうが眩しく、おどおどしてしまったりするくらいだ。

「高山さんは美柯が嫌いですか。あるいは父親が師だから、かえって嫌ですか」

教授の娘を弟子が妻とすることは、よくやっかみで陰口を言われたりする。

でも、そんなことで断れないほど、美柯さんは美しく魅力のある人だ。内田先生も、英華にとっては、幼くして亡くした父に代わる存在だった。

(祥文君が話したからには、内田先生もご承知なのかもしれない)

今夜は橋本乙次と二人で外出している祥三のことを、英華はそう思った。

(しかし……)

どうしても躊躇《ちゅうちょ》してしまう。それは美柯さんが嫌いだからではない。もっと別の理由からだ。

少し考えてから、英華は口を開いた。

「祥文君、君にそう言われてぼくもうれしい。美柯さんは美しいいし、聡明だし、ぼくの憧れの人だ」

「そうですか、やはり」

「でも、ぼくにはもったいない。実は事情があるんだ」

英華はいま阿佐谷で母親と一人で住んでいる。五人兄弟の末っ子なのに、そうなったのは兄たちがいずれも東京を離れてしまったからである。長兄は会社の関係で、そして哲学をやっていた次兄はようやく岡山の第六高等学校に教師の職を見つけて、東京にいない。三兄は若いうちに亡くなり、すぐ上の四兄は水産講習所勤務のため、いつも漁船に乗って海に出突っぱりだ。

それでいつの間にか、末っ子の英華だけが残り、母と同居している。

「だから、ぼくはこれから母親の面倒をみていかなきゃならない。そうした姑に仕えることは若い美柯さんには難しいし、内田先生もお認めにならないと思う」

内田祥三自身が父を失って、母の手一つで育てられた経験を持っている。そのために結婚してから、妻に苦労をかけたと、よく漏らしているほどだ。

――うちの美柯には、ああした苦労はさせたくないな。

研究室で弟子たちと酒が入ったとき、内田がそう言ったのを、英華は鮮明に覚えている。おそらく祥文も、父の願いはよく知っているだろう。

「そうですか……」

気落ちして祥文はつぶやいた。英華が自分の義兄になってくれれば、都市計画についてもっと論じあい、一緒に仕事ができると思っていたのに、とも言った。

「それは別だよ。祥文君とは親友だし、これからもそうありたいと思っている」

「本当ですか」

「ああ、祥文君はぼくより意匠の才能がある。だから、ぼくが計画し、君がデザインすれば、きっといい都市ができるだろう」

英華は心から言った。美柯さんの話を断ったのは残念だが、それが一番いいのだと自分に言い聞かせる。あの人には、もっと条件の合った良い相手がいて、幸せになれるはずだ。

英華の言葉は、帰ってきた内田祥三にも伝えられたのであろう。師は何も言わなかった。

内田美柯が嫁いだのは、翌年、つまり昭和十五年である。相手は英華より一年後輩の、内田祥三の別の弟子であった。


――ぼくが計画し、君がデザインすれば、きっといい都市ができるだろう。

高山が内田祥文に言ったことは、大同都邑《とゆう》計画で実現した。

都邑計画の「邑《むら》」とは農村の意であり、大同の古い街だけでなく、城郭外の田園地帯も含めた「都市・農村計画」である。

大道都邑計画の概要は、以下のとおりであった。

まず、千八百メートル角の城郭に囲まれた人口六万の「旧市街地」は改造せずに残す。ここでは土塀に囲まれた家々が、狭い道路を挟んで稠密ながらも整然と立ち並び、城門、鐘楼、鼓楼など古い木造の文化遺産が多数残存している。北魏時代の古都の「貴重な文化的遺産を保存することが内地人の文化的使命」（高山英華「大同都邑計画覚書（抄）」）だと、英華たちは考えた。

成長のためには、「旧市街地」の外側西方の丘陵地に、三日月状の「新市街地」を計画する。旧都市との間にある出城のようなところだけが行政・商業地域となっているのを除けば、主として住居地域となるだろう。

新旧市街地をあわせた「母都市」は、総人口十八万、一人当たりグロス二百平方メートルとして、総面積は約三千六百ヘクタールである。

母都市が成長して、ある程度まで達した段階になると、炭鉱の近くに新しい炭鉱都市として約三万人、別の方角に工業都市として約三万人といったふうに複数の「衛星都市」を建設していく。「衛星都市」は英国のエベネザー・ハワードが『明日の田園都市』（一九〇二年）で提案し、英華も『外国に於ける住宅敷地割類例集（続集）』で紹介していた考え方だ。

そのほか、『敷地割類例集』にあった近隣住区やラドバーンシステムなども積極的に適用されている。すなわち「新市街地」の住居地域は小学校を中心に置く約一キロメートルの近隣住区群によって構成され、各住区の規模は人口五千人、千戸といったふうに。

住宅はコートハウス状に、隣地境界や道路沿いに煉瓦塀を設け、塀を外壁としながら、内部は採光のため、中庭をつくるという工夫がこらされている。

こうした住宅の図を詳細に描いたのは、内田祥文だったらしい。

《大同の都市計画というのは、要するに、ぼくが当時もっていた新知識をともかく導入した案なんだけども――ぼく自体は、あんな細かくかいてもだめだと思っていたわけだけど――内田先生や祥文君は絵にしておかないといかん、というので、帰ってきて祥文君が大体書いたんだ》（磯崎新との対談）

高山のいうように細かすぎるきらいはある。住宅を第一級住宅、第二級住宅、第三級住宅とランク付けし、標準的間取りまで描いているのは、そういった例だ。

しかし、旧市街地を保全しながら、新市街地の道路計画を三日月形とし、各戸の住宅をコートハウスとして、東洋的伝統とモダニズムを巧みに融合した祥文の才能は並大抵のものではない。

その息子を助けるようにして、父の祥三は法制づくりを担当した。日本国内ではできないような規定を盛り込んだところも多く、都市計画法は十三条、建築物法は十八条、建築物令は五五条と細かい。

英華が主に担当したのは、「建設経営計画」であった。

それは段階計画と財政計画に分かれている。

大同都邑計画の大きな特徴は、各発展段階別に計画を立て、その時々においても一応のまとまりを持たせたところにある。

すなわち、完成までの時期を二分し、第一期は母都市の発展がある限度に達するまでとし、第二期で郊外に衛星都市を建設する。そして第一期では、新市街地の人口が五万、十万、十五万、そして最終の十八万になるまでの四段階に分けて考えておく。

人口と密度から各段階での市街地面積を算出し、投資計画を立てることもやった。壮大な計画を短期間で実現するのは不可能だ。そこで第一期をさらに前・後期に分け、前期では十二年間に人口十万人を収容するに足る新市街地面積の買収および造成を行い、後期ではその残りの市街地と周囲を買収する。

さらに、前期を三分し、三分の一ずつ事業を行うことによって、「資金の借入れを出来得る限り小ならしめ」、造成した土地を売却、賃貸、貸付けなどをしつつ、「是の如き方法を繰り返すことにより、全計画事業を逐次完了せしめる」。そのためには「土地は都市発展に伴う地価の増加を公共の手に保留せしめるため、原則として造成地はこれを賃貸せしむる方式を採用するものであるが、建設当初に於ける借入金の償還及爾後の建設資金に対する充当等の目的のために売却方式を併用する」という。

教師や研究者の計画はえてして理想を追い求めすぎ、事業性、採算性を無視しがちだが、大同都邑計画の事業計画を貫くリアリズムは、英華のなかで終生保持された。

大同都邑計画の総合的責任者は内田祥三であったが、作業したのは高山英華と内田祥文の二人であり、英華が実際のまとめ役だったことは間違いない。

それはまさに、内田祥三、祥文親子と英華との師弟愛と友情の産物だったのである。

結局、大同の計画は実現しなかったものの、近代日本都市計画史上大きな意味を持つことになった。建築史家の藤森照信は「日本が本気で実現するつもりで取り組んだ最大にして最後のもの」(「戦後モダニズム建築の軌跡・丹下健三とその時代⑨高山英華」『新建築』一九九八年一〇月号)と評している。まさに『外国に於ける住宅敷地割類例集』の応用編であった。

——当時としては、われわれのハケ口だったわけです。

と、英華は語っている。

戦後、活躍した建築家のなかには、戦争中の仕事、特に中国や韓国、朝鮮などでの仕事について沈黙するか、触れられるのを好まなかった者が少なくない。

しかし、英華は大日本帝国が侵略した地における自らのかかわりを隠蔽することなく、大同を自らの荷として背負いつづけた。

英華が一つ貴重な体験をしたのは、大同で協力を仰ぎたいと、北京大学の土木の教授を、内田祥三と訪問したときであった。

「わたしは協力できません」

内田とほぼ同年代であろう、その教授は眼鏡の縁に手をやりながら答えた。治山治水の権威らしく、白髪痩身《はくはつそうしん》の身体には威厳が備わっている。

「大同の計画は素晴らしいものだ。内田先生の業績もよく存じ上げており、研究者、技術者として尊敬しています」

そこまで相手の言葉は実に柔らかだった。が、そのあと教授は首を横に振った。静かだが、強

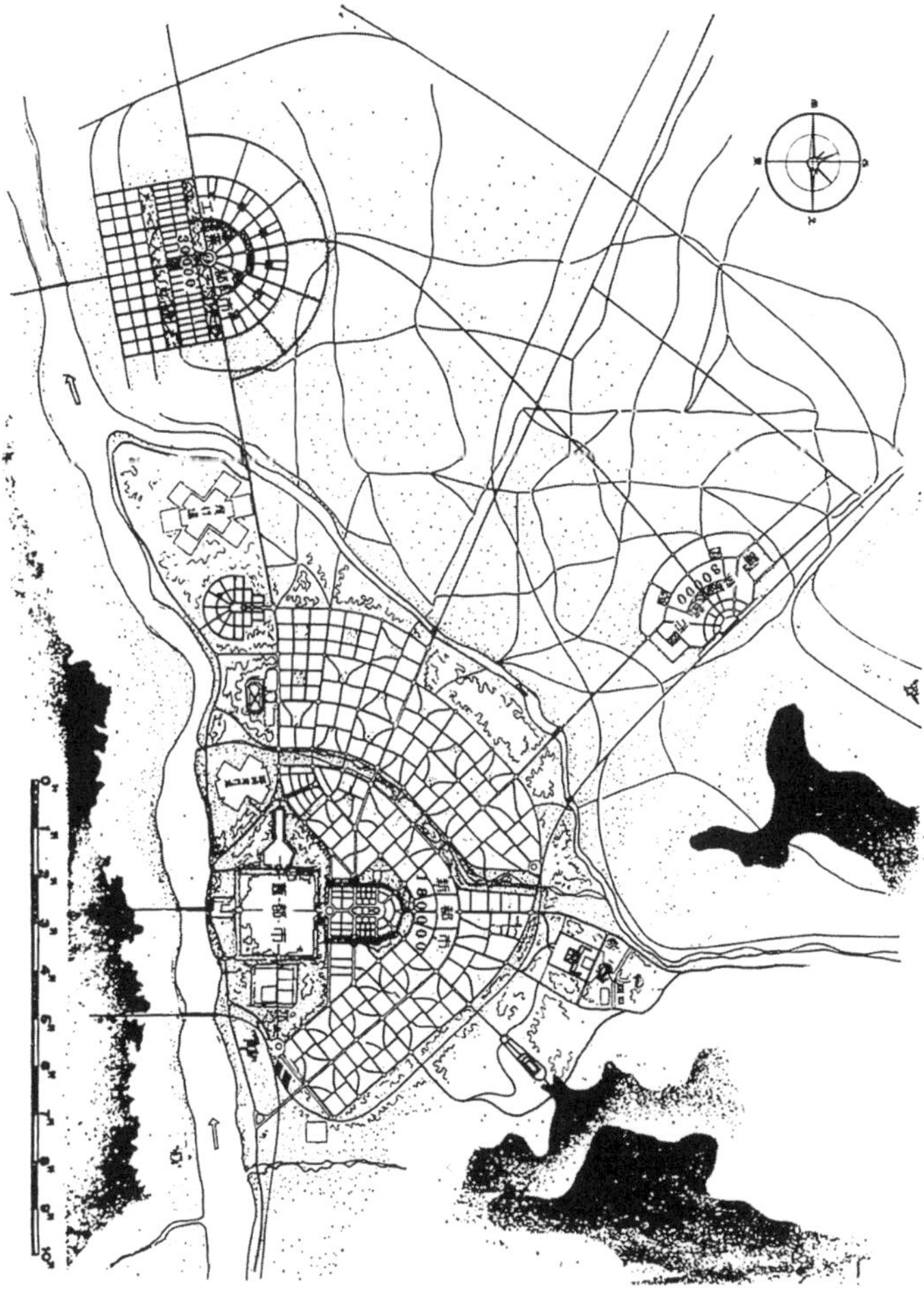

大同都邑計画

く、しっかりと。

「でも、わたしには協力できません。なぜなら日本人はわたしたちにとって、侵略者ですから」

「分かりました」

内田は静かに答えた。強く心を打たれたようすだった。

二人は教授に敬意を表しただけで、研究室を辞した。

「偉い人だな」

帰り道、内田祥三は車のなかで英華に言った。

「われわれは大同の計画を、中国の人々のためにつくり、大陸の歴史と文化に敬意を払ったつもりだった。だから協力してくれると甘く考えていたのだが、結局は独りよがりだったのかもしれん」

「……」

「もし、自分があの先生の立場だったら、ああした立派な態度をとれるだろうか。強い相手におもねることなく、信念を貫くことができるだろうか」

そこまで言って、内田は物思いに沈んだ。

太平洋戦争が終わったとき、帝大総長だった内田祥三は大学を接収しようとした米国軍に対し、キャンパスを守りぬいた。その結果を確認して、内田が総長職を退いたとき、英華は北京で一緒に訪問した中国人の教授を思い出した。

昭和十六（一九四一）年七月、高山英華は三十一歳で臨時召集により満州国の首都新京の野戦砲兵第十七連隊に入隊した。この年の暮れ、日本海軍は真珠湾を奇襲し、太平洋戦争の幕が切って落とされる。大陸にいた日本陸軍は、山下奉文《やましたともゆき》大将をはじめ、精鋭の多くが東南アジアの戦線へと移動したが、英華のいた隊はそのまま関東軍に残った。

《それで、ぶらぶらしていてもしようがないから、関東軍の司令部に「ソヴィエトを取ったらどうする」という課があるわけだよ（笑）。第五課といったけれど、バイカル湖以東を取ったらどうするかという、すごい強気の課があるんだ。そこへ俺は入れられちゃって……》（磯崎新との対談）

英華は満州に、「二年半ぐらい」いたらしい。

激戦が続く太平洋戦線と異なり、満州ではのんびりしていたようだ。都市計画が専門ということで、砲兵隊から関東軍司令部勤務になり、満州の都市計画に携わることもあった。

中山克己《なかやまかつみ》、秀島乾らと本格的に知り合ったのもこのころであろう。二人は早稲田大学の建築出身で、都市計画の大望を抱いて大陸に渡り、満州国の首都新京の計画を行っていた。戦後、東京オリンピックで、英華は二人と再会し、ともに働く。

同じころ、関野克からも手紙が来た。丹下健三という、英華より四年後輩で前川國男事務所で働いている男が、大学に戻って、都市計画を学びたいといっているので、英華の承諾が必要だという。

個人的に親しくしたことはないが、岸田日出刀研究室出身で、顔ぐらいは知っている。それがなぜ急に都市計画を専攻したいと思い立ったのか分からない。が、英華は丹下の入学を承諾した。試験も面接も抜きで合格だ。

《何にもないよ。何も教えないいんだから》（藤森照信「戦後モダニズム建築の軌跡・丹下健三とその時代⑨」における高山の発言）

丹下健三は都市計画専攻といいながら、実際には岸田日出刀のもとで学んだ。奇妙なことに、丹下の自伝『一本の鉛筆から』には、大学院に入った経緯を含め、高山の名前が最後まで一度も現れない。やがて東大に都市工学科が設立され、高山、丹下が、都市計画コースの二枚看板となるときさえも。

英華が満州に行っている間に、帝大では大きな変化が起きていた。

昭和十七（一九四二）年四月、第二工学部が開校し、そこに都市計画の講座が設けられたのである。

第二工学部は、戦時にあたり「技術者急速補充ノ対策」（平賀総長）として設立された。従来の工学部（以後、第一工学部と呼ばれた）に対し、合計十学科、定員も四百二十名という「本邦最大の学生収容数を有する工学部」（今岡和彦『東京大学第二工学部』）である。

開戦前から日本海軍の強い要請により、海軍出身の平賀譲《ひらがゆずる》総長が準備を進めていたのを、急遽《きゅうきょ》設立を早めたのであった。

学生の平等を期すため、入学試験は第一・第二両工学部で一緒に実施し、成績一位は第一工学部、二位は第二工学部と順繰りに平等な形で振り分けられた。

もっとも教師のほうはそうはいかない。何しろ、場所が千葉市弥生町《やよいちょう》という原野で校舎もバラックで建設中。研究などはとてもできない環境である。

《先生のわりふりで、岸田先生や藤島（亥治郎）さんなんかは、あまり快しとしていなかったわけです。ほかの電気とかなんとかの教官はちゃんと行くんだけれども、建築はみんないやだというわけだ。武藤（清）さんや浜田さんも第一のほうがいいというわけで、内田先生が困っちゃって、小野（薫）さんという人を連れてきたんです》（磯崎新との対談）

小野薫は大正十五（一九二六）年帝大卒、帝大営繕で内田祥三の薫陶を受けたのち、日大専門部工科教授を経て、満州国の大陸科学院研究室主任をしていた。

「生来のお人好しと来ているので付合いは無類によく」（奥田勇「小野さんの満州時代をしのぶ」）という、豪放磊落《ごうほうらいらく》な飲兵衛《のんべえ》である。

（いまの先生たちが本郷にいたい、千葉に行くのはいやだというなら、自分は別な形でやろう。第一工学部では、とても教授になれない人間ばかり集めて）

と、小野薫は決意し、坪井善勝《つぼいよしかつ》、渡辺要《わたなべかなめ》、池辺陽《いけべきよし》、浜口隆一《はまぐちりゅういち》、関野克などに声をかけた。

「食糧は本郷より、こっちのほうが豊富だよ」

まじめな内田とは好対照だが、学生思いであるところは似ている。第二工学部に来て落胆した学生たちを、小野はそう言って元気づけ、講義もユニークだった。

勉強は教科書を読めば分かるからと、学生たちを昼から飲み屋に連れていく。一杯やることが授業になってしまうのだから、本郷の第一工学部では考えられない。

第一工学部にはない講座も設けることもした。その一つが、防空という名目で、都市計画の講座を設けたことである。それまで本郷には、正式に都市計画を教える講座はなく、内田祥三が自分の授業のなかで講義しているだけで、助教授といっても、英華は宙ぶらりんの無任所状態だった。

それを第二工学部ではつくることにしたわけだが、認められたのには、戦争中という事情があった。

太平洋戦争は当初、真珠湾攻撃、シンガポール陥落という日本の勝利で始まったが、昭和十七年六月のミッドウェー海戦、八月の米軍によるガダルカナル島上陸を分岐点として、攻守入れ替わる。

同年四月、東京は初めての空襲を経験していたが、今後サイパン島などを制圧されれば、本格的本土空襲が行われることとなろう。

戦前から東京空襲を想定した防空演習などは実施されてきたが、ついに現実的なものとなったのである。

近代戦では、軍隊が戦場で雌雄を決する十九世紀までと異なり、市民たちが容赦なく戦争に巻き込まれる。既にヨーロッパ戦線では、英国やドイツの諸都市が空襲を経験していたが、守勢に立った日本もその恐怖にさらされた。

こうして第二工学部に防災計画講座が新設され、英華が助教授になって四年目に、講座を正式に持てることになったのである。

もっとも、高山自身はいまだ満州にいる。困った小野は一計を案じて、内田祥三に相談した。

「高山君が帰ってくるまで、誰か優秀な先生に都市計画を講義してもらう必要があります」

「確かにそうだな」

「内務省の石川さんなら、防空の面から都市計画を考えておられるし、本も書いておられます」

「なるほど」

勅任土木技師、石川栄耀の第二工学部における講義は、結局終戦までつづけられる。

「それに防災の講義もありませんと」

「でも、浜田君が千葉に行くのをいやがっているしなあ」

ボスといっても、内田は意外と弟子に気を使う。それに第二工学部はできれば本郷と違う教師を起用したい。

「だから、別の先生を呼ぶんです」

「誰かね、それは」

「祥文くんですよ」

「まさか」

さすがの内田祥三も、びっくりした。息子は浜田研の大学院生で、博士論文も完成していない。帝大卒ではないから、反対者も出てくるだろう。

「でも祥文君は大同の計画で実力を示したじゃありませんか。昨年は仲間たちと『新しき都市――東京都市計画の一試案』と題した展覧会を、新宿の紀伊國屋画廊で開催もしています。祥文君の描いた透視図は美しく、見事でした」

「それはそうだがね」

展覧会を雑誌『新建築』が特集したときは、祥三も親馬鹿を臆することなく、序文を書いている。

「彼なら、設計や製図も教えられます」

「……」

「内田先生、先生は祥文君を講師にすると批判されるのが怖いのですか。先生がわたしに本郷でできない新しいことを、第二工学部でやれと言ったのは嘘だったのですか」

小野が祥文を講師にと言ったのは、恩師へのへつらいでも、ゴマすりでもない。浜口隆一や池辺陽のように、若く優秀だが、ユニークな人間を起用した教育をやってみたいという純粋な気持ちからである。

結局、内田祥三は帝大第二工学部の講師に息子を起用することに同意した。心配したとおり、批判する声もあったが、祥文のひたむきで理詰めの講義や、熱心な設計演習は学生たちに感銘を与えた。

そんななか、高山英華が兵役を終え、ようやく満州から戻ってきたのである。

英華は昭和十八年九月に召集解除となり、十月付けで第二工学部兼務の助教授として、待望の都市計画講座（正式には防空講座）を担当することとなった。

それは学生たちに講義するだけでなく、内務省や企画院が担っていた東京の防空計画や国土防衛計画を都市計画面で応援することにもつながっていった。

召集される直前に書いた「大都市の問題―無計画的人口膨張の危険性」（『帝国大学新聞』昭和十六年六月二日号）で、英華は日本の大都市が防空の面から欠点が多く、今後東京は工場や人口の他都市への転出により、真の健康な「東亜の中心都市」であるべきことを説いていた。

いまは戦時下であり、実現には費用もかかる。だが、「有事の際の致命的打撃や、常時における産業および生活の上におよぼす慢性的損失」を考えれば、いまこそ人口の地方分散を実現せねばならない。

満州にいたときから、英華の胸には東京都市計画への思いがわき起こっていた。東京は大日本帝国の帝都であり、彼自身が生まれ育った故郷でもある。卒業計画では漁村、大学に残ってからは大同、そして関東軍勤務時代には満州の計画に手を染めていたとはいうものの、東京が一番気にかかっている都市であることに変わりはない。

その彼が、ついに東京を計画するときがきたのである。皮肉にも、日本が太平洋戦争で負けはじめ、帝都としての東京が危機に瀕することになった、まさにそのときに。石川栄耀ら内務省都市計画委員会は「帝都改造計画要綱」を作成し、その指針に基づいて、英華が具体策を練る役割を振り当てられた。

英華は勇躍して、この計画に取り組んだ。その「東京都改造計画案」と執筆ノートは、いまも東大都市工学科「高山文庫」に残っている。

都市計画といっても、図があるわけではない。東京が空襲に見舞われたときの被害を最小限に食い止めるため、どこまで人口を減らしていったらよいかという、「大きさ」の数字的検討である。

英華は東京の未来像として、次の三つのケースを想定した。
一　政治的機能を中心としつつも、商工業を相当程度残す場合＝四百万人
二　徹底的に政治優先とし、商工業を移転させる場合＝三百二十万人
三　遷都を前提に、東京湾を重工業都市とする場合＝三百〜四百万人
昭和十五年十月一日の国勢調査による東京市の人口が六百七十八万だから、いずれにしろ半減近い縮小である。

英華が「東京都改造計画」を練りはじめた昭和十八年から十九年とは、守勢に立たされた日本

が東京をはじめ、各都市で日々空襲にさらされる直前にあたっていた。

いまや制海・制空権を握った米軍は太平洋の諸島を着実に落としていく。日本軍は補給のないまま、全滅玉砕を繰り返し、連合艦隊はマリアナ沖、レイテ海戦で壊滅、東条内閣総辞職、学徒出陣、神風特攻隊の出撃と行くところまで追い詰められていった。

こうしたなかで、昭和十九年九月、英華は「東京都改造計画案」を完成させた。十一月にサイパンから出撃したB29が中島飛行機武蔵野工場を爆撃、東京が連日の空襲にさらされはじめる直前である。

英華はその計画で、東京から商工業の中心的機能を取り除いて、三百万人にまで縮小し、日本の首都という政治性だけを残して、人口と産業を早急に疎開分散させることを説いた。検討していた三ケースの中で、最小の場合にあたり、これしか日本と民間人を救う道はない。

が、事態は既に遅すぎた。

昭和二十年三月二日、すなわち東京大空襲の一週間前、大本営からある大佐が英華に会いにやって来た。

「高山先生、『東京都改造計画案』を読ませていただきました。東京を政治的帝都に限定し、人口を分散させようというご計画には感銘を受けました」

一般に参謀というとエリート臭が強く、鼻持ちならない人が多いが、大佐は例外的に穏やかな人らしい。

「今日は新たに『決戦態勢強化計画』の作成をお願いにあがりました」

「それはどういう意味ですか」

「『東京都改造計画案』は確かに先生からすると理想的都市計画でしょう。だが、事態は既に進んでしまっています」

「では……」

大東亜戦争は決定的なところに向かおうとしているのですね、と言おうと思って英華は言葉をのみ込んだ。

確かに今年に入ってから一月に銀座・有楽町、二月には関東各地がB29の大編成隊によって空爆されている。

「いまや唯一の望みは、上陸した米軍を、本土決戦で逆転殲滅《せんめつ》することだけです」

大佐はつづける。果たして、敵の上陸先は台湾か、沖縄か、あるいは直接本土へか。

「本土となれば、敵は直接東京を狙うでしょう、上陸地点は千葉の九十九里浜とわれわれは見ています」

九十九里浜といえば、英華の父の故郷に近い海岸地帯で、卒業計画に取り上げたところだ。

（まさか、あそこが敵軍上陸の地になるとは）

英華は信じられない思いだ。この間まで関東軍でのん気にシベリアの占領計画などを練っていたことが、夢のようである。

「九十九里浜に上陸すれば、敵は一路帝都へ向かうでしょう。その東京を要塞化する計画を、先生にぜひつくっていただきたいのです」

大本営では既に軍事作戦を練っている。英華に依頼しようとしているのは、その作戦に準じて、東京を「戦時都市」として計画することのようである。

だが、東京が果たして戦場たりうるだろうか。関東平野は広く、守るに難しい地だ。とても戦時拠点になど、できそうにない。

「陸軍内部では、次のような意見もあります」

大佐は英華の懸念を予期していたようにつづけた。

「ナポレオンのロシア遠征で、アレクサンドル一世はフランス軍を首都モスクワに誘い込み、火を放って敵を食い止めました。幕末にも、勝海舟は西郷隆盛との講和がうまくいかなければ、江戸を火の海にする準備を進めていたということです。先生に検討していただきたいのは、そういう起死回生で、日本が勝利を得る案です。東京を火の海にすれば、敵は倒せる」

「でも、そんなことをしたら、民間人はどうなりますか」

「先生、いまや国民すべてが兵隊です。日本人は老幼男女の別なく、死を厭わず、敵と戦うでしょう」

「……」

英華は反戦主義者でも、共産主義者でもない。国民の義務として、兵役にもついたし、いまも都市計画の分野でなんとかお国のために働きたいと思っている。しかし、国民を犠牲にして、何が決戦だ。

「よろしい。ご依頼のとおり、計画をつくってみましょう。でも、それはまず民間人を疎開させ、安全にするものでなくてはなりません。わたしの専門は防災であって、災害を広げることではない。一人でも多くの命を救うことです」

「高山先生」

大佐は困ったような顔をした。

「個人的には、先生のお気持ちは分からないでもありません。しかし、いま大日本帝国が行わなければならないのは、本土決戦であり、そのための態勢案をつくることです。戦争に負ければ、国体も護持されず、そこで生きるべき臣民もいない。千葉方面から押し寄せる米軍をいかに迎え撃つか。そのために帝都をどのような態勢にすべきかを、下町地区に自ら火を放つことも含め、検討していただきたいのです」

「……」

「計画内容には、施設や人間の疎開が含まれていても、かまいません。しかし中心はあくまでも、大本営がお願いしている決戦態勢案ということでお願いします」

そう言って、頭を下げたのは、おそらく大佐の好意だったのであろう。結局英華はその依頼を入れる形で、国民が東京など大都市から疎開する計画に着手することを約した。

そうこうしているうちに東京大空襲がやってくる。

昭和二十年三月九日から十日にかけて、東京はB29爆撃機三百二十五機による徹底的爆撃を受け、市街地の多くを損失したのである。特に江東・墨田・台東区の被害は大きく、四十平方キロメートルが焼失し、わずか一日の間に死者・行方不明者数は十万を超えた。

当時、帝大第一工学部建築学科の学生で、英華や浜田稔たちの防空調査を手伝っていた下河辺《しもこうべ》淳《あつし》は米軍の空襲が、最小限の焼夷弾で最大の被害を与えるという効率性を数学的に追求していることを発見した。焼夷弾をまいて焼くと、温度が変わって風向きも変わり、その方向に延焼することを予測しているのだ。敵はおそらく関東大震災のときに日本が公表したデータを参考にしたに違いない。

それが戦争というものの本質だった。

《空襲による火災現場に行くと、逃げている人たちとぶつかり合うわけです。背負っている荷物に火がついているのに気がつかない人、背中の赤ん坊に火がついているのを知らないまま逃げていく人たちもいた。

死んでいった人たちは葬らねばなりません。身元不明だし、夏で遺体が腐ってくるので、仕方なく隅田川の公園や河川敷で、折り重ねたところに油をまいて、火葬にしたりもしました。本当に嫌な思い出です》（下河辺淳『時代の証言者 7』）

この東京大空襲の惨禍を目のあたりにして、英華は日本国土全体を六つのブロックに分け、主要都市において戦局下で必要な人員の配置や構成を検討し、民間人は早急に地方へ移転させるという計画をつくりつづける。

もはや「大空襲来襲速度に先行し得ない」東京を要塞化して戦うことは不可能だとして、一刻も早く民間人を避難させ、東京を「簡素」化すべきという内容である。

五月十日付けで、「東京都決戦態勢強化計画」は完成した。

そのころ沖縄では上陸した米軍に対し、民間人を巻き込んだ戦闘がつづいていた。六月二十三日守備隊が全滅するまでの、戦死者九万、一般国民死者十万という被害は、さらに大きな形で東京を襲うであろう運命に違いなかった。

第二部

新婚当時の高山夫妻。夫が背伸びしている
（東大本郷構内にてと思われる）

5 復興

昭和二十年八月十五日、高山英華は安田講堂に集まった教官や学生たちと、終戦を知らせるラジオの玉音放送を聞いた。

天皇陛下の声は雑音が多く、よく聞き取れなかったが、負けたことだけは分かった。もう戦争をつづけられない状態であることは、いろいろな情報で知っていたからである。

英華も大本営から依頼されて、米軍のラジオから空襲目標を探り、強制疎開すべき地区などを報告したりしていたが、そんな微細な努力で多くの人を救えるわけもない。大日本帝国はもはや終末のときを迎えていたのだった。

八月に入ってから広島・長崎に新型爆弾が落とされ、被害状況を知るために出張した同僚教授もいた。

米軍上陸は九十九里浜だというので、千葉にある第二工学部は疎開することになり、小野薫は山梨に行き、関野克は松代につくる大本営の設計に駆り出された。

そういったすべてのことが、敗戦という形で、あっけなく終わったのである。

「こんなことなら、本を送らなきゃよかったよ」

研究室に戻ると、太田博太郎が悲鳴をあげながらやって来た。建築学科の一年後輩で、ア式蹴球部の部員でもあった太田は二年前に建築史の助教授に就任している。

「本を疎開しようとして、送ったんだ。そしたら途中の巣鴨で焼けちまった」

そういえば、あのあたりで昨晩空襲があった。英華は毎朝ラジオを聞いて、自分の研究室の壁に被害地点を書き付けている。

「勿体《もったい》なかったなあ」

太田の嘆く声を背後にキャンパスの中庭へ下りてみると、武藤清教授が銀杏《いちょう》の木の下で何か焼いている。視線が合うと、決まり悪そうに笑った。

「軍需工場の設計図だ。いま陸軍参謀本部から連絡があった。米軍が来ると逮捕されるって」

武藤の専門は構造だ。工場は設計したかもしれないが、果たしてそんなことで罰せられるのだろうか。

「高山君も、空襲された地点を地図につけているだろう。あれだけでも早く処分しておかないと危いぞ」

まさか。自分は戦争を進めるためではなく、戦火から民間人や国土を救うためにやっている。

なんら恥じるところはない。

「そんなこと言ったって、相手は米国だ。どう思われるか分からないよ」

英華は何事も大雑把《おおざっぱ》で、メモやノートはいつも書き散らし放題、報告書も完成したら、どこかへ投げ捨ててしまう。書類を焼こうとしても、探すのがひと苦労だ。

のちの話になるが、米軍は実際に調査にやって来た。帝大の各研究室を回り、英華の部屋で図面を見つけたものの、

――これは手間がかかったろう。

と、感心されただけで、なんの咎《とが》めもなく終わっている。

(面倒なことはやらぬほうがいい)

いまの英華は資料を焼くよりも、気にかかることがあった。

「内田先生はどうされているか、ご存じですか」

「さっき安田講堂から総長室のほうに行かれるのを見たよ」

敗戦という現実を、総長室に一人こもって、お考えになっているのだろう。

帝大総長という立場からして、ラジオ放送の内容は既にご存じだったかもしれない。果たして、その胸を去来したものは何だったのか。

「貧乏籤《びんぼうくじ》だったな、内田先生が総長をお引き受けになったのは」

武藤がそう言ったのは、平賀譲が急死したあと、成り手がいなかったので、内田が総長を継い

だことを指している。軍に協力的だった平賀と、同じ考えだったわけではない。技術者ではあっても、内田の思想はリベラルだった。

（その内田先生が総長になられたのは、ご自身が営繕課長としてつくられた大学を守ることにあったのではないか）

と、英華は思っている。

二か月前、重松吉正《しげまつよしまさ》少将という東部軍管区警備第一旅団長が少佐と中尉の二人を連れて、突然総長に面会を求めてきたときの話を、英華は聞いている。

――本郷をわれらが死に地として頂きに参りました。

重松旅団長は黙ったままで、隣の少佐が青ざめた顔で口を開いた。

――本土決戦は間近です。陸軍に職を奉ずる者は皆死ぬまで戦い、屍《しかばね》をさらすしかありません。

自分たちは皇居の最後の守りを命ぜられることになった。上野の森から本郷台にかけての外縁地域に陣を敷き、最後の決戦を挑むという。そういう少佐の目は既に据わってしまっていて、他人の気持ちや思想をもはや受け付けないかのようだ。

――つまり、できるだけ堅固な場所に閉じこもり、少しでも長く、一分でも二分でも長く敵軍に抵抗するのです。

だから、死に場所として本郷を提供してもらえないだろうか。

——それは困ります。

——なんだと。

内田が即座に断ると、少佐が軍刀の鍔《つば》に手をかけた。いまにも抜きかねない。少将が視線で制したが、内田総長の隣に控えている庶務課長はおろおろするばかりだった。

——この本郷は昔から、われわれが死に場所と考えてきました。だからいまでも一日も休まず登校しています。爆撃されても、疎開せず、ここで死ぬ覚悟です。

内田の声は落ち着いていた。

——本郷を死に場所と考えていたのは、こちらが先だ。あとから来たあなたがたに、はいそうですかと明け渡すことはできません。

なぜそのようにすらすらと答えられたのか自分でも分からない、と内田はのちに述べている。あるいは本郷にいる神様のようなものが、彼の口を通して言わせたのかもしれない。

東京帝国大学は日本最高の学問の府であり、近代化の中心でありつづけてきた。その大学が戦場となり、廃墟と化せば、日本が明治以来培ってきた学問文化は潰《つい》えてしまう。戦争が終われば、勝敗のいかんにかかわらず、国土は復興させねばならないのに、日本はその力を自ら葬り去ってしまうことになるのだ。

そういった志を、本郷キャンパスをグランドデザインした内田は、大学の教職員のなかで、最も深く認識していたのであろう。

帝大総長から強く拒否されると、いくら軍人でも簡単によこせとはいえない。一時間ほど粘ったあと、重松少将は埒《らち》が明かないとみて立ち上がった。

――先生のご覚悟はよく分かりました。本日は衷情を披瀝《ひれき》してお願いに参ったのですが、残念ながらご容認がなかった。後日、改めて申し入れすることに致します。だが、その折は今日のようなお願いではなく、有無をいわせぬ趣旨で参りますので、さよう、ご承知おきください。

――そうなることは希望しませんし、どうかそうでないようにお願いします。

最後まで、内田は屈しなかった。

少将たちが帰ると、内田はすぐ臨時学部長会を召集して、顚末《てんまつ》を報告したが、大勢は立ち退かざるを得ないという悲観論が多かった。

その後、軍から宣伝班百名の収容場所として借り受けたいという申し入れも拒絶し、大学の一部の建物を軍病院の施設として使用したいという要請にも、傷病兵手当ての仕事は大学附属病院が行うから、明け渡しはしないと返事をした。

そんななか内田は日々大学へと通い続ける。地方へ疎開した教官もいるなかで、本郷を死に場所と宣言したのは本心だったのであろう。

そうこうしているうちに、八月十五日になったのである。

(総長室を訪ねようか)

敗戦という現実、そしてこれからの日本、帝大はどうなるのだろうかという疑問について、内田先生のご意見を伺っておきたい。

（いや、やめよう）

そう思い返した。内田先生は総長として、帝大という学問文化の府を守り、戦火から救った。敗戦が現実になったいま、さらなる難問が横たわっている。

（今はそっとしておいて、先生の思考の妨げにならぬようにするのが一番だ。いずれ、これからの大学、そして日本の復興についてお伺いするときが来るだろう）

そう思ったのである。


敗戦になって、アメリカを中心とする連合国軍が日本に進駐するようになったとき、帝大は再び危機に見舞われる。

今度は、連合国軍最高司令官総司令部（通称ＧＨＱ）を帝大に置くため接収したいという要求であった。

戦争が負けた今となっては、進駐軍の意志は絶対である。文部省を通じて接収の話があったとき、大学内では誰もが、今度こそ駄目だと思った。

が、内田祥三は再び粘る。

本郷には膨大な施設があり、どこかへ代替施設をつくって越すことはできず、一時的にでも廃校にしてしまわざるを得ない。それは日本の学問を停止させてしまうことだ。

――文明国の最高をもって任ずるアメリカ合衆国が、そういうことをしてよいのでしょうか。今回の米軍だけでなく、戦争中も陸軍の接収要求を断っています。

そう返事はしたものの、学内の大方は悲観論だった。重要書類は焼き捨てるべく総長名で学内に通達すべきだとか、大学の移転先を見つけようという意見も出る。そんななか、内田はなお頑固に、米軍接収を断りつづけた。

――連合軍が、大学のような文化施設を占拠することはない。

皆の予想に反して、ダグラス・マッカーサー元帥の言葉が伝えられたのは、ミズーリ号艦上で、降伏文書調印が行われた直後である。あわせて丸の内のお濠端に面した第一生命館を接収してGHQ本部とすることも公表された。

戦勝国が日本の学術文化を尊重することを、マッカーサーは示したのである。

（やれやれ、よかった）

安堵の胸を撫で下ろした数日後、別の話が外務省から飛び込んできた。

今度は横浜に駐在中のアイケルバーガー中将率いる第八軍が、帝大本郷の構内を自分たちの駐在地として使う旨、通告してきたという。外務省の役人は内田に電話で言った。

「総長。これは決定ですから、従うしかありません」

「でも、マッカーサー総司令官は帝大占拠をしないと言ったのですよ。それをアイケルバーガー将軍が勝手にひっくり返すなど、おかしいじゃ、ありませんか」

「事情は分かりません。でも何しろ、日本は戦争に負けたんです。内田総長もジタバタするのは、いい加減にしてください。第八軍は既に横浜を出発した模様です」

「なんですって」

こうなれば、行くところまで行くしかない、と内田は決意した。

（マッカーサーに直接会って談判しよう）

そういっても、欧米に旅行したこともない内田は、英語がからきし駄目だ。すぐ電話をかけて南原繁《なんばらしげる》法学部長に相談する。こちらの言い分を堂々と英語で主張でき、帝大を守ろうとする意志を内田と共有できる通訳はいないだろうか。

「高木先生がいいでしょう」

南原は即座に答えた。高木八尺《たかぎやさか》は米国憲法、政治史を専門とする教授で、明治時代の英文学者神田乃武《かんだないぶ》の息子である。日本語では話下手だが、英語になると人が変わったように雄弁になる。

内田は高木とともに、まず文部大臣に会いにいった。

当時の文部大臣は前田多門《まえだたもん》、祥三にとって学生時代からの親友である。

閣議中だったのをなんとか取り次いでもらうと、前田は総理官邸の玄関前まで出てきた。

「大臣、わたしは直接マッカーサー元帥に会おうと思います」

内田は事情を説明した。

「さすが内田君らしい……それしか方法があるまいな」

「結果はどうなるか分かりませんが、ともかくできるだけやってみます」

それなら、と前田は言った。いま自分は閣議中で同行できないが、文部大臣代理という肩書きで行きなさい。直接マッカーサー元帥というわけにもいくまいから、幕僚長のフェラース准将を紹介する。信用のおける男だ。

「面会の日時を予約すべきじゃないですか」

そばで高木八尺教授が心配そうに言う。前田文相の紹介した高級副官は准将で、アポイントメントをとるのが欧米のマナーである。

「いや」

内田は首を強く横に振った。

「無作法なことは西洋に行ったことのないぼくにだって分かる。でも、事は一刻を争うんだ。無理をいってでも、押しかけるしかない。たとえ門の守衛に追っ払われたって、ぼくは満足のいくまで努力してみたい」

「分かりました。総長がそれだけのご覚悟なら、行きましょう」

ＧＨＱ本部に着くと、高木は巧みな英語で事務官に説明し、フェラース准将と会うことができた。

相手はマッカーサーが接収を中止した理由を知っている。しばらく考えたのち、目の前でアイケルバーガーの副官に電話をかけてくれたが、既に先遣隊は出発してしまって埒が明かない。

そうこうするうちに昼時となり、副官がやって来た。

「どうもマッカーサー元帥が、准将を昼食に誘いにきたようです」

副官とのやり取りを聞いて、高木が小声で内田に知らせる。

「それなら主張はしたし、失礼しよう」

内田たちが退室して、ホールでエレベーターを待っていると、新聞の写真で見るマッカーサー総司令官の背の高い姿が二人の副官を連れて、目の前に現れた。同時にエレベーターが到着して扉が開く。

内田は思わず敬意を払って、さっと退いた。するとマッカーサーは英語で何事か、内田たちに話しかける。

――最初に待っていたあなたから乗りなさい。

通訳してもらわなくても、内田には相手の意志が分かる。そのあとマッカーサーと一緒にエレベーターに乗って降りただけだったが、内田は何か心に通じ合うものを感じた。

会釈をしてGHQ本部を出たとき、総司令官が何事か、遅れて来たフェラースに尋ねている。あるいは内田たちが何者か訊いたのかもしれない。そんな気がした。

アイケルバーガーが接収を断念した、と副官から電話があったのは、その日の夕方四時ごろ――東京帝国大学は三度救われたのである。

敗戦の年の十二月、内田祥三は帝大総長の職を法学部長南原繁に譲っている。

戦争という困難な時期に、帝大を守り抜いたのち、今後を託したといってよいであろう。

六十歳と教授としての停年も越えたので、建築学科からも去ることとなり、同学科は、岸田日出刀、武藤清、浜田稔など、弟子たちが責任を持つこととなった。

東京帝国大学建築学科は設立以来、辰野金吾、佐野利器、内田祥三といった学科全体を統率する指導者を持ってきた。内田が大学を去るにあたり、それを指名しなかったのは、戦争が終わって、もはや一人のボスが支配する時代が終わったことを認識していたからであろう。

ただ、彼には一つ大きな心残りがあった。

それを誰に言い置いていくべきか。内田はためらうことなく、研究室に英華を呼んだ。

「今度、わたしが建築学科を去るにあたり、計画、構造といった従来の講座は皆がやってくれるだろう、それに不安はない」

「ええ、しっかりした先生方がおられますから」

「だが、わたしには一つ心配が残っている」

「なんでしょう」

「第二工学部の存在が危いことだ」

第二工学部は平賀総長時代に軍部の要請を受けて設立したものだということで、かつて帝大を追放されたマルクス学者たちの憎悪の的になっていた。そのため学部全体を廃止すべしの声は経済学部などで日増しに高まりつつある。

第二工学部がなくなれば、英華が担当している都市計画講座（戦中は防空講座）もなくなってしまう。

「浜田君などは、あまり痛痒《つうよう》も感じていないようだ」

都市計画講座の主任教授は、便宜上本郷の浜田稔がなっているが、専門は建築材料である。よしんば分野を広げても不燃や防災であり、幅広い都市計画を指向しているわけではない。浜田は建築材料講座あたりに変えたいと思っているふしさえあった。

岸田日出刀も建築だけで、都市計画への興味はない。

「だが、これから日本の復興を考えると、都市計画は重要だ」

東京をはじめとして、日本の都市は空襲で焼き払われ、廃墟と化している。人々には住宅が、産業には工場や事務所が必要であり、道路、鉄道など都市基盤の整備が急務となっている。それら施設をバラバラにつくってしまえば、将来に禍根を残すこととなろう。いま必要なのは日々の生活や産業、防災などを考えた総合的な都市計画だ。

「戦争前から都市学会などを歴史や社会学、地理の先生方と準備してきましたが、実際に都市計画を旗揚げしてくるときが来たわけですね」

「そうだ。東京などの都市計画を一日も早くつくり、それを実行していかなければならない。そのためには都市計画学会も必要だ」

「はい」

「だから、高山君、そういったことを君にやってほしい」

師の言葉に、英華の頭は少しくらくらとした。果たしていまだ若く、助教授でしかない自分にできるだろうか。いまいる第二工学部だって、存続が危ういというのに。

しかし、と英華はすぐ思いなおした。竹腰重丸にサッカー部のキャプテンをやれと言われたときも、なんとかやり通した。建築学科に入って壮大なことをやりたいと思った自分が頑張らねば、内田先生の言われるとおり、第二工学部と一緒に都市計画講座はなくなってしまう。

(やる人間は帝大の教官のなかでは、自分しかいない)

それは英華一人だけでやるという意味ではない。内田祥文君という仲のいい同志もいるし、自分の研究室には日大出の小島重次《こじまじゅうじ》君が助手として入ってくる予定だ。澤田光英《さわだみつふさ》、佐々波秀彦《さ さ なみひでひこ》、亀井敏彦《かめいとしひこ》、村井敬志《むらいけいじ》など見所のありそうな学生もいる。これらの力を結集すれば、サッカーのようにチームワークで障壁を打開することができるだろう。

難局にぶつかると、青白い秀才型の学者は萎縮し、狭い分野に閉じこもってしまうが、英華にはハードルが高ければ高いほど、妙に元気が出てくる性癖があった。

「ただ、一つ注意しておく」

「なんでしょう」

「君は人望があるせいか、他人に担がれやすい。注意しろ」

内田祥三は慎重である。弟子の人のよさが、心配だったのであろう。

「変なことにはかかわらず、博士論文を早く書け」

英華は頭を掻いた。「決戦態勢強化計画」に没頭していたここ二年は、まじめな研究が疎《おろそ》かになっている。だが、英華が都市計画講座を率いるには教授にならなければならず、そのためには博士号が必要である。

「何でもいい。それこそ戦争中、君がずっとやっている都市の大きさや密度といったことでもな」

「……」

「息子の祥文だって、苦労してようやく仕上げたぞ」

そうだった。内田祥文は意匠に興味があったのだが、戦争中、浜田稔教授指導のもと、火事の実験などをやって建築不燃化の研究に取り組んでいる。

昭和二十年十月、祥文は東京帝国大学第一工学部教授会の議を経て、工学博士の学位を授与された。学位請求論文名は「木造家屋外周の防火に関する実験的研究」である。

近く、日大の教授に任じられる予定だ。

「分かりました。祥文君を見習います」

英華がいうと、内田は目をしばたたかせた。

「見習うなんて……。君と比べると、息子は雛《ひよっこ》さ」

「でも、意匠の才能もあるし、工学博士号もとられたんですから立派です。ぼくなんか、絵も下手だし、研究もさぼってばかりで」

「祥文は身体が弱い。それに祖母に可愛がられたせいか、わがままで気の弱い性格だ。人を指導するなんてできやしない。昔は美柯のほうがなぜ男に生まれなかったのか、と残念に思ったほどだ。だから、高山君」

　祥三は真剣な表情になってつづけた。

「どうか、これからも祥文のいい友達でいてくれ。あいつは君の言うことだけはよくきくし、慕ってもいる。わたしは君こそが、これから日本の都市計画を背負う男だと信じている。どうか祥文と協力して何とか頑張ってほしい」

　それは大学を去るに際し、恩師が英華に託す遺言のようだった。実際に内田祥三は昭和四十年代まで生きつづけるが、このときの師の言葉を英華は生涯忘れなかった。

「君ももう三十五歳だ。いい加減に結婚しろ」

　そういえば祥文君から、美柯さんをお嫁にもらわないかと言われたことがあった。ひょっとすると、あれは祥三先生のご意志だったのかもしれない。

　そのときは自分が老母と同居していることをもって、縁談を断ったのだが。

　翌年美柯は結婚し、祥文も昭和十七年に妻を娶《めと》った。

　英華だけがいまだに独身でいる。

「君にはすまないな」

内田祥三はそうもらした。何を謝っているのか、英華にははっきりと分からない。ただ、いまは先生が自分に託した、都市計画学の確立を実現するまでである。若き日に、サッカー部でキャプテンになったときのような興奮を、英華は感じた。


東京の復興計画は、内務省の技師から東京都計画局都市計画課長になった、石川栄耀のもとでまとまりつつあった。

東京は区部総面積の三割近い一万六千ヘクタールが罹災し、九万三千世帯、三十万人以上の人が仮小屋などで暮らしている。食糧・日用品は不足し、治安と衛生状態は日々悪化していた。

そんななか、東京都は敗戦直後の八月二十三日に早くも「帝都再建方策」をつくり、年も押し詰まった暮れに、「帝都復興計画要綱案」を発表した。これは石川栄耀が戦争中から準備していた東京改造計画を復興計画に焼き直したものである。

《この改造計画は戦敗となり、戦敗キボに於て大修正を受け、戦敗復興計画になった。そこで上物計画は全部、捨て、せめて土地で出来るだけやろうとなって、改めて登場した。武装解除計画である》（石川栄耀『余談亭らくがき』）

「武装解除計画」と謙遜しながらも、石川の計画は壮大であった。

東京（都区部）は政治、経済、文化の中心とし、人口は多くとも五百万までとする。そのため、工業などは衛星都市に分散し、区内の空地や、衛星都市との中間地帯は、食糧自給のための農地として確保する。

東京のなかは都心機能を分散させて、幅員四十メートル以上の広幅員道路でつなぐ。この幹線道路によって、面積一キロ平方メートル、人口十五万人ごとの新しいコミュニティを区分し、旧来の地縁を廃して、デモクラシーを実現しようというのだ。

特に「緑地計画は、今度の計画の眼目」（前掲書）で、河川沿いや高台、鉄道沿線に緑地帯を配し、旧軍用地、国有地、御料地の多くは公園。幹線道路は、たとえば幅員百メートルの場合、そのうち四十メートルを植樹帯とするなど、まさに東京を緑で覆おうというものである。

政府が設立した戦災復興院も、石川の計画に瞠目《どうもく》した。

しかし、小林一三《こばやしいちぞう》総裁からの復興院入り勧誘を断って、石川栄耀は以後昭和二十六年に早大教授に転ずるまで、東京都職員として首都の復興都市計画に没頭しつづける。

――友愛の都へ、楽しい都へ、太陽の都へ。

というのが、石川が掲げた東京の目標であった。

山形県尾花沢《おばなざわ》出身の土木技師であった石川は、理科系には珍しく、若いころから文学と寄席を愛する青年だったという。都市計画においても、法制度などより、庶民の生活、盛り場、街並み・景観などを重要視する、ロマンチストであった。

大正十三（一九二四）年、欧米に出張した折、田園都市レッチワースやハムステッドの設計で有

名なイギリス人建築家レイモンド・アンウィンに会って、自らの描いた臨海工業地帯の計画を見せたところ、

——君のプランにはライフが欠けている。

と指摘されたことは、都市計画家として彼の生涯の教訓となった。

以後、石川は生涯を通じて、「ライフ」を重視した都市計画を目指すことになる。

例えば、成否はともあれ、新宿歌舞伎町も石川の発案によるものだ。

二十一世紀の現在、東京最大の歓楽街であるこの地は、戦前は閑静な住宅街だった。

それが戦災で焼け、地主や住民たちが繁華街にする計画を持ち込んだとき、石川はここに「友愛の都」にふさわしい「文化的盛り場」を実現しようとした。西洋の都市並みに広場をつくり、大劇場や映画館、ダンスホールなどを立地、産業文化博覧会を開催する。さらには歌舞伎座を誘致しようと、町名を角筈《つのはず》一丁目から歌舞伎町に変えさせたのも、石川栄耀である。

歌舞伎町の現状を見るとおり、彼の夢は挫折した。それは文化的都市計画を実現しようとしたロマンチスト石川の限界でもあったろう。

だが、「ライフ」を追求し、道路や区画整理よりも、庶民の生活や盛り場、都市美を重視したその都市計画の精神は二十一世紀のいまも新しい。

復興計画を実のあるものにするため、デザインが重要だと思った石川は、親しい高山英華を呼んで相談した。

「今度、若い建築家たちに参加してもらってコンペをやろうと思う」

石川は楽しそうに言った。

戦争中もバンコックの日本文化会館などで設計競技が行われている。前川國男、丹下健三らが参加し、活況を呈した。今度は同じことを、新生日本の首都東京を対象にやってみたい。

「銀座、新宿、江東、深川、芝浦、向島あたりを対象地区とし、絵を描いてもらって、アイデアを競う」

英華にとって、石川栄耀は都市計画の先輩である。土木と建築というように専門が違うが、住民の意志や生活、文化を中心に考えるところも大いに尊敬していた。

そのように敬愛する先輩だが、石川は落語が好きなせいか、陽気で少し軽躁の気味がある。

「そうですか、コンペですか」

「きっと、いろいろなアイデアが出てくる。面白いぞ、高山君」

英華は躊躇した。復興計画は方針を立てたものの、各地区の具体的デザインはできていないから、確かに参考にはなるだろう。

（しかし、コンペだけで果たして十分か）

建築家が描いた絵が、そのまま実現する根拠はない。実現するためにはどうするかを考えないと、文字どおり絵に描いた餅で終わってしまう。

「ははは、どうしたその顔は。高山君らしくないじゃないか。都市計画は未来の夢を語るものだ。そのためには絵が一番分かりやすい。そんな希望のなかで都市計画の支持者を増やしていけば、実現はあとからついてくるさ」

あくまで石川は明るい。このころ都市計画啓蒙のため、『二十年後の東京』といった宣伝映画の製作や、小・中学生用に都市計画の副読本を書いているくらい、都市計画に情熱を持っている。物事をなすには、こうした楽天性が必要なのであろう。

「締切は二月末日。結果発表は三月だ」

「じゃあ、あとわずかじゃないですか」

「若い建築家たちは戦争の間、何も発表できなかったんだ。きっと応募してくれるよ。どうだ、高山君もたまにはデザインに挑戦してみては」

こうしてコンペは東京商工経済会主催、岸田日出刀などを審査員に行われた。高山も芝浦を対象に描いてみようと途中までやったが完成せず、提出できなかったという。

昭和二十一年三月に結果が発表された。前川國男などは、銀座の服部時計店を地下に沈めて、時計台だけを上へ残すといった勇壮な案を出している。

一等を争ったのは丹下健三と内田祥文。双方ともがライバル意識を持ち、絶対に相手には負けまいと、それぞれ二案ずつ提出したのである。丹下は「新宿」と「銀座」、内田祥文は「新宿」と「深川」の計画案であった。

結果は内田の二案が一等、特に「深川中小工業地区」は特賞を授与され、丹下の二案はいずれもが二等に甘んじた。

丹下健三はのちに書いている。

《内田祥文君ら日大のグループと盛んに交流したのも終戦前後のことである。内田君は、建築界の泰斗であり、帝大工学部長、帝大総長を歴任された内田祥三先生のご子息だが、私と同じように都市計画を志していたから話が合い、しょっちゅう研究会などをやっていた。ちょうどこのころ、東京・銀座などの復興計画のコンペ（競技設計）があったが、彼のチームに見事に一等をもっていかれ、私たちは二等で大いに悔しがったものだ》（『一本の鉛筆から』）

戦争中の丹下は「国民住宅」（昭和十六年）、「大東亜建設記念営造計画」（昭和十七年）、「在盤谷《バンコク》日本文化会館」（昭和十八年）と主だった競技設計で、すべて一等入選を果たしていた。その不敗神話を、地味に火災実験をつづけていた内田祥文が破ったのである。

「祥文君、おめでとう」

千葉の第二工学部で会った英華は、そう声をかけた。日大教授と兼務ながら、祥文はなお帝大第二工学部でも教えている。変則的だが、三月付けで東京帝国大学助教授、高等官六等にも叙せられていた。

教育でも設計でも、祥文の活躍する時代が来ようとしていたのである。

「コンペとは別に、石川さんと話して、『文教地区計画』というのを始めることになっている。帝大、早稲田、日大、慶應、東工大、藝大、立教などの大学が、周辺地区の都市計画をつくろうというものだ。早稲田は武基雄《たけもとお》さん、秀島乾さんあたりを中心に石川さん自身も加わるらしいから、強敵になるだろう。わが帝大は南原総長をトップに、岸田先生、僕、丹下君も入る。そこに君が加わってくれれば百人力だ」

だが、英華の元気のよさと対照的に、祥文の表情は何か苦しそうだった。

「どうした」

「いや、昨日あたりから、頭痛がして」

「心配だな、そりゃあ」

「コンペでずっと徹夜つづきだったから。それが終わって、疲れが出たんだろう」

「内田君、無理をするな。食うものも食わないで徹夜はいけないよ。今日は早く帰って休め」

「ああ、でも日大のほうに仕事を置いてきてるんでね」

「いけないなあ。それなら千葉まで来たついでだ、野菜か何か持っていけ。小野薫さんからもらった大根を研究室に残したままだ。わが家は母親と二人だから、食料もあまり要らない。やるよ」

「ありがとう」

研究室まで来て、祥文は受け取った大根をリュックに入れた。もともとお坊ちゃん育ちの祥文は、闇で食糧を得ることもままならない。

「少し休めよ」

力なげな友に声をかけて、英華は祥文と別れた。

内田祥文が日大の自分の研究室でくも膜下出血《まくかしゅっけつ》を起こして倒れたのは、その晩、つまり昭和二十一年三月二十五日夜である。日大附属医院での治療の甲斐もなく、亡くなったのは翌二十六日午後九時四十分。享年三十二歳の若さであった。

——ぼくが計画し、君がデザインすれば、きっといい都市ができるだろう。

英華はお互いにそう言い合っていた無二の親友を失った。父の内田祥三先生から、

——息子を頼む。

と言われたことも、果たせなかった。

（設計コンペであまりに無理をしすぎたか）

石川栄耀からスケジュールをきいたとき、もっと期限の延長を主張するべきだったという悔いも残る。高山英華は若くして死んだ友の死を、終世悼みつづけた。

《内田君が戦争中のうっぷんをはらしたわけだ。あまりにがんばって、食うものも食わずにやったらしいんだ。だから……かわいそうにね、あの人が生きていれば……》（磯崎新との対談）

都庁を移設するという祥文の「新宿」案は、四十年後に実現するが、新庁舎の設計者は皮肉にも丹下健三となる。

ともあれ、祥文が死んだとなれば、本郷文教地区計画は帝大の現有メンバーで行わねばならな

い。陣容は南原繁総長直属の委員会で、行うのは高山英華、丹下健三、池辺陽、大谷幸夫《おおたにさちお》、浅田孝《あさだたかし》らである。

この文教地区計画を思いついたのも石川栄耀で、新生日本の首都計画で中心になるのは文化であり、大学だという考えに基づいている。当時の日本では、用途地域といえば、工業地域、商業地域、住居地域、未指定地域の四つしかない。そこでもう一つ、文化国家を目指す新生日本の首都東京ならではの特別地区として、大学を中核とする文化、教育、スポーツのための「文教地区」を設けるために、帝大、早大、慶大、立大などに呼びかけ、大学周辺を巻き込んだ都市計画をつくってもらおうというのである。

「名案です、石川さん」

話を聞いた英華も、大いに賛同した。コンペのときと違って、これなら実現できるかもしれない。それにしても、石川栄耀はアイデアが湯水のように豊かに出てくるようだ。

しかし、貧しい日本では、計画作業は貧困なものにならざるを得ない。

製図室に教員も学生も、一緒になってたむろし、営繕課から御飯と味噌汁を用意してもらって、徹夜で設計をつづける。何しろ日本中誰もが食べるもののない貧しい時代だった。

そのなかで、英華の印象に強く残ったのは、実際に設計図を描くリーダーだった丹下健三の姿である。

《大きな製図板で描いたんです。それで、やっぱり丹下君だからさ、描きなぐりだよね。上へ立ち上がってこう見てて さ（笑）、道路は少しかっこ悪いっていうんで直したりね。それであの図面をつくったんだ。だから、あれにはコルビュジエ版がたくさんあるんだ》（前掲書）

このとき丹下健三は大学院を終え、特別研究生として帝大に残っていた。形だけは都市計画研究室の所属だが、師は岸田日出刀だと、英華も丹下自身も思っている。英華にとって、本郷文教地区計画が、丹下のデザイン力を実感した最初だったかもしれない。

（妙な男だとは思っていたが……）

英華が一番記憶に残っている丹下健三像とは、

——今度の空襲は杉並が集中的に狙われそうだな。

と、戦争中に冗談で脅かしてみたら、すぐ杉並の下宿から引っ越したエピソードである。そんな調子で、丹下は戦争中あちこち下宿を変えつづけた。空襲などで犬死するわけにはいかない。戦争が終わるまで生き延びて、自分の才能を開花させたいと丹下は心底思っているようだ。

都市計画研究室所属といいながら、実際には岸田日出刀に師事しているので、あまり付き合いはない。丹下の意匠の力も、コンペなどの結果で知っているだけだったのである。

これは丹下健三が学生であったころ、高山が二年間兵役についていたこと、丹下が大学院に入った昭和十七年も、英華が大陸に出征中であるなど、実際に接した期間が少なかったこともあろう。

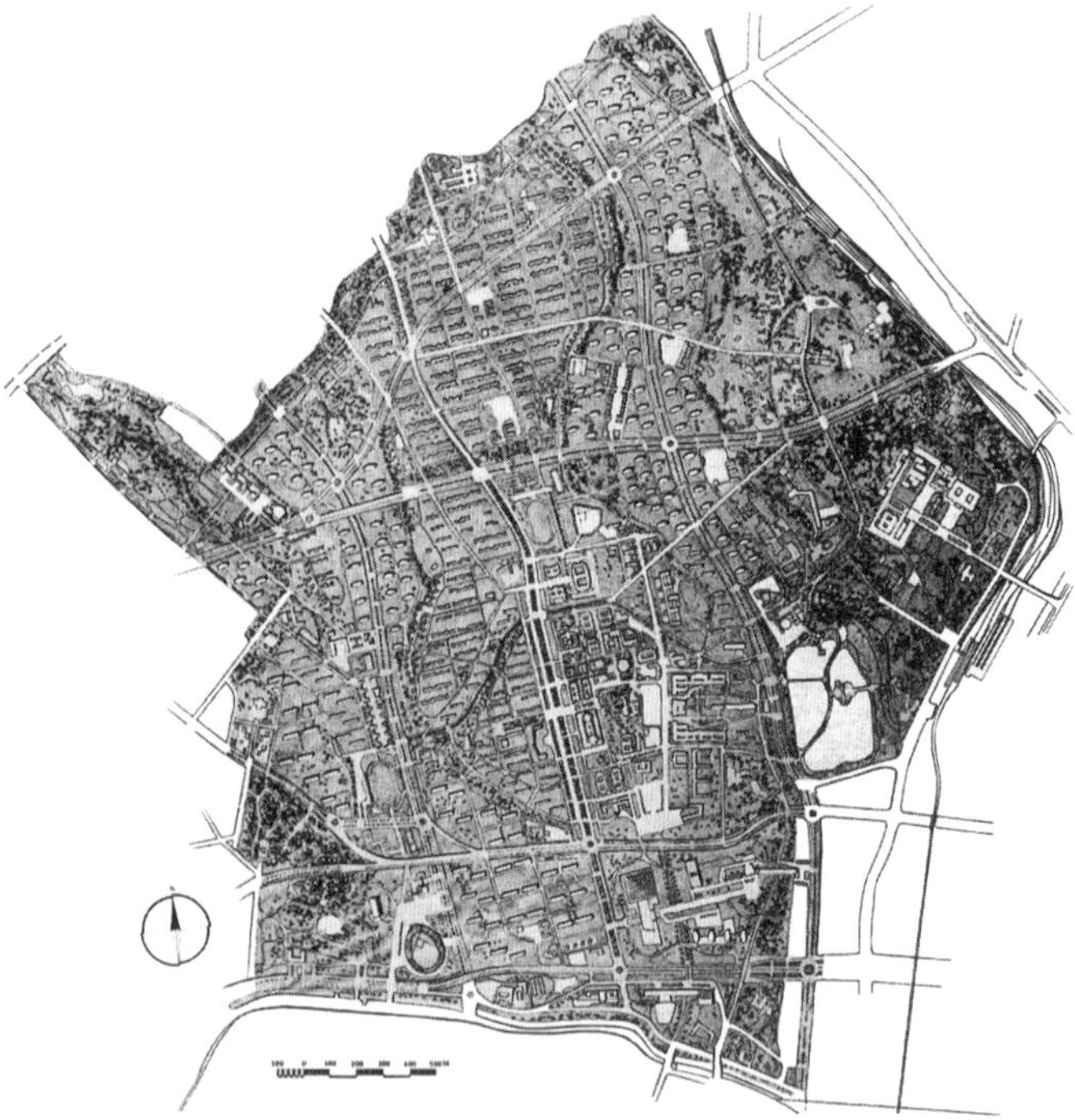

本郷文教地区計画

その丹下の実力を、英華は遅まきながら目の当たりにしたのである。手伝う若い学生たちが製図板の上で寝起きするなかで、本郷文教地区計画を設計図に描く仕事は、丹下健三の独断場と化していく。範囲も本郷地区から拡大して、東は東京美術学校が担当するはずだった上野駅まで、西は高等師範・文理大学まで、北は小石川、南は中央線まで延びて飯田橋、水道橋駅まで達し、他大学が担当するはずの領域まで含んで、山手線の内側四分の一の大きさにまで広がった。

しかも、内容たるや、帝大正門前の菊坂に超高層ビルが建ち並ぶという、ル・コルビュジエ風の壮大なプランである。

それらを池辺陽や大谷幸夫らに手伝わせながら、丹下健三は製図板の上に立ちはだかり、自分が卒論に取り上げたミケランジェロのように描いていった。

これでは英華の出番はない。

そこで彼は、文教地区計画を実現していく方策を練る役割を担おうとした。たとえば、帝大に近接する上野不忍池あたりまでの土地を購入しよう、と南原総長に持ちかける。しかし、

「高山君、そんな金ないよ」

の一言で片付けられてしまった。

石川栄耀の文教地区構想は、帝大よりも、むしろ早大で、大隈講堂前のバス停広場創設、補助七十五号線の拡幅、拡張用地としての戸山ヶ原購入といった形で実現する。

丹下健三の描いた計画はあまりに壮大すぎて、実現は不可能のまま終わった。

本郷文教地区計画で、作業を行ったのは、英華の記憶によれば「一週間ぐらい」。内田祥文が亡くなった直後であった。

その後、五月には英華も丹下も、今度は戦災院から委嘱されて、全国の都市の戦災復興都市計画作成に加わっている。

戦争によって、日本全国の主要都市は連合軍の空襲を受け、焦土と化した。空襲被害は二百十五都市、面積六万四千五百ヘクタールに及ぶ。

だが、戦災を受けた都市すべての復興計画を早急に立てることは難しい。そこでケーススタディとして、長岡、千葉、甲府、広島、呉、長崎、佐世保、下関、八幡などを選び、復興計画立案のための基礎調査を、建築・都市計画家に依頼したのである。

そのなかに英華や丹下といった帝大、武基雄、吉阪隆正《よしざかたかまさ》などの早大、市川清志《いちかわきよし》らの日大の研究者たちも加わっていた。

丹下健三は広島を担当している。大阪府堺市に生まれた彼は、旧制高校時代を広島で過ごした経験から、なんと言っても原爆被災地の復興に取り組みたいという気持ちが強かった。

丹下の作成した広島計画は、三年後、広島平和記念公園のコンペ優勝につながる。対して、英華が選んだのは長岡であった。

《みんな、行く先に米があるとか酒があるとか言って(笑)、ぼくは長岡へ行ったんだ。来迎寺《らいこうじ》という酒づくりのところへ泊まって、ね》(磯崎新との対談)

実際に計画をつくったのは、第二工学部の蚊帳《かや》のなかだったと回想しているから、時期は昭和二十一年夏だったのであろう。

英華の計画で目を引くのは、長岡が「多雪都市」であることへの重視である。商業地域の建築に雁木《がんぎ》を採用し、雪下ろしや除雪を配慮した街路のあり方などが検討され、多雪都市には建築的配慮のみならず、都市計画的配慮も必要だとして、中心地区への集約などが提案されている。

調査の期間は五月、六月であり、雪の季節ではなかった。

だが、長岡は母や兄たちがかつて住んだ地である。特に同居していた母からは、当時の思い出話を何度も聞いていたに違いない。そうした経験が、長岡計画の中心となったのであろう。

丹下健三の広島計画は建築設計につながったが、対して高山英華の長岡計画はあくまで都市計画であった。

戦前は都市計画といえば、内務省の事務方によって握られており、技術者といっても道路・交通の面から土木が支配的だった。そんななかで、建築からは佐野利器と内田祥三が加わっていたが、二人とも専門は構造や防災であった。

それが、復興都市計画の作業で、計画系の建築家たちが存在意義を示すことができたのである。しかも、丹下健三、武基雄らがデザイン指向だったのに対し、英華の目指すところは都市計画そのものであった。

——君は人望があるせいか、他人に担がれやすい。注意しろ。

内田祥三の懸念を、英華はまさに体験している。

戦争が終わると、雨後《うご》の筍《たけのこ》のように建築運動の組織が乱立した。

《今度はできるぞ、という感じになって澎湃《ほうはい》として、昔弾圧されていたような、あるいは多少自由主義的な、芸術至上主義のような人が、おれの出番だというので方々に団体をつくったわけだよ。建築文化何とか、とか、何とか連盟とか》(磯崎新との対談)

一つの大きな流れは、創宇社の人々が中心になって結成した「日本民主建築会」であった。彼らの多くは権力と対決し、なかには今泉善一のように戦前に共産党活動でギャング事件を起こして逮捕され、出所してきたばかりの者もいる。大日本帝国の敗北は、わが世の春が来たといってよく、積極的に建築運動を展開していた。

戦争中は皇国主義者だった者が、共産党に鞍替えして入党といった事態も起こった。第二工学部で英華の同僚だった池辺陽で、建築面でも、今泉善一、海老原一郎《えびはらいちろう》、平松義彦《ひらまつよしひこ》らと集団的共同設計を実践した。今泉とは財団法人建設工学研究会などで行動を共にし、私生活のうえでも、それぞれの自宅を隣り合わせで一緒につくって住んでいたという。

他方、建築の近代化を標榜したのが「日本建築文化連盟」である。「建築文化を通じて人類社会の発展に貢献することを期す」ことを目的とし、戦前にあった「日本工作文化連盟」の後身として、本城和彦《ほんじょうまさひこ》、小泉嘉四郎《こいずみかしろう》、武基雄らが加わっていた。

ほかに、高山英華の「国土会」、西山夘三の「関西建築文化連盟」などがあった。

この「国土会」とは、戦争中から政府職員などが加わって国土・都市計画を研究していたのが、「生活面から国土の構成を考えていこうと」（西山夘三宛ての書簡）、内務省や復興院、東京都の職員、帝大、早大、日大の人々に呼びかけて再開したものである。メンバーは英華のほか、丹下健三、生前の内田祥文、武基雄、市川清志、浅田孝、本城和彦、学生だった下河辺淳などが加わっていた。

それぞれの研究会には同じ人物が重なっている。混乱を招くので、統一しようという動きが出たのも無理もない。共産党系の「日本民主建築会」などでは、これを政治的に利用しようというねらいもあった。

こうして昭和二十二年六月二十八日、さまざまな研究会の集まりとして、「新日本建築家集団（略称・NAU）」が結成されたのである。実質的には、「日本民主建築会」と「日本建築文化連盟」の合同的な性格が強かった。

第一回総会の模様を伝えた『新建ニュース』第一号によれば、初代委員長は小泉嘉四郎で、英華は池辺陽、今泉善一、日笠端《ひがさただし》、武基雄、竹村新太郎、高橋壽男、丹下健三、吉阪隆正らとともに委員になっている。それが十一月に小泉が辞任し、英華が二代目として引き継いで、翌二十三年七月十日に開かれた第二回総会に臨むこととなった。

《ぼくが、会長かなんだか知らないけども、なって、もっともらしい演説をぶった。『NAUM』というのが二号くらい出た》（磯崎新との対談）

と、語っているのはそのあたりの事情を示しているのであろう。実際、この第二回総会で、雑誌『NAUM』の創刊も決まっている。

なぜ英華に、NAUの委員長という白羽の矢が立ったのだろうか。

それは、NAUの主要母体である二つの団体にとって、彼がよく知った存在だったからであろう。

英華は戦前「青年建築家クラブ」のメンバーとして、「日本民主建築会」の母体である創宇社の人々と交友関係があった。創宇社の多くはノンキャリアであり、共産主義者である。自分たちが表面に出るよりも事務局を支配したい。そこでNAUでも委員長ではなく、事務局長兼総務部長は平松義彦、組織部長に竹村新太郎など、実権を握る作戦をとった。

他方、「日本建築文化連盟」の人たちにとっても、英華は親しい存在だったに違いない。彼らの多くは岸田日出刀や佐藤武夫らを師とする、帝大、早大などの建築学科の卒業生であったからである。

復興建築助成株式会社の技術課長であった小泉嘉四郎では役不足だが、英華ならば帝大助教授で好人物だから問題はない。

高山英華を委員長に迎えたことで、ＮＡＵは会員数八百名近くに増え、目標の二千名も夢ではない状況となった。

だが、問題を感じたのは、当初気安く引き受けた英華自身のほうである。

――もうぼくは二回目ぐらいで元気がなくなった。

と、磯崎新との対談で、彼は述懐している。

《いろんなのに出たり入ったりした人がたくさんいた。西山君の先輩で高橋壽男君というのがいた。乱世になると好きなのがいるんだね(笑)。建築を建てたことがないというのは、そういうときにオルガナイザーみたいにやったんだ。建築をほんとに建てようというほうと、運動をやるとどっちが本職だかわからない運動屋みたいなのと、両方入っちゃっている》(前掲書)

事務局は活動家に握られ、委員長であるはずの英華の意思も及ばない。御輿《おみこし》がどこへ連れていかれるのか、担ぎ手次第という状況になった。

日本建築学会との軋轢《あつれき》も起きる。スローガンとする二千名会員が実現すれば、ＮＡＵによって学会は乗っ取られてしまう。しかも、そのＮＡＵにはとかくの噂があるのだ。

――変なものに担がれるなと言ったのに、君はぼくの注意を守っていないな。

なお建築学会を隠然と支配する内田祥三に、英華は厳しく注意されもしただろう。

――それより、ぼくが言った博士論文はどうした。君が教授にならないと都市計画講座は潰れてしまう。学会もできていないじゃないか。

内田先生に注意されては、英華も弁解のしようがなかった。

《ぼくも、大体見切りをつけちゃった。そういうものはどうもうまくまとまらない、と。いつかは分裂する。社会情勢がどんどん厳しくなってくると、やっぱりそういう大同団結は無理だという気がして、ぼくはおりちゃったわけだ》(前掲書)

委員長は早大教授の今和次郎に代わってもらい、英華は副委員長に下がった。

以後NAUは自然消滅の道をたどる。

こうした英華の態度を無責任と批判する評者もいる。だが、「逃げた」というのは正しくないだろう。事務局長として実際にNAUを動かしていた平松義彦までが途中で姿を消したのに対し、高山英華は最後まで責任者の地位にとどまっているからである。

最後の役割は幕引きだったかもしれない。だが、実際にNAUが消滅したのは、特定のイデオロギーに偏重した事務局の運営が会員大半の支持を失い、会費未納者が多くなったからである。そのなか、英華をしてNAUに最後までかかわりつづけさせたのは、彼自身のうちにある責任感といったものだったろう。

リーダーは決して逃げてはならない。もし、それがうまくいかないとなれば、途中で軌道修正を試み、それでも駄目ならば、責任をもって終結させるのが責務である。

その責任を英華は果たそうとした。のちに彼は多くの委員会や審議会で委員長を務めるが、常に念頭にあったのは責任であり、信義であった。

NAUでの体験は、高山英華に大きな教訓を残した。このあと彼はリベラルで中間的な道を明らかにしていく。われわれのよく知る「委員長」高山英華像が現れるのである。

NAU委員長を辞任したころ、英華は年来の宿題である工学博士論文の最終的まとめに取りかかっていた。

その題名は『都市計画における密度の研究』という。

目次構成は次のとおりである。

第一章　都市計画における密度の問題
第二章　人口密度測定の時期
　二・一　測定時期の測定
　二・二　夜間人口密度
　二・三　昼間人口密度
第三章　都市における人口密度変化の意味
　三・一　昼夜間人口密度変化の意味
　三・二　建築人口密度の昼夜間の変化
　三・三　土地人口密度の昼夜間の変化

三・四　土地人口密度の季別変化
三・五　土地人口密度の年別変化
第四章　土地人口密度と地域単位
四・一　土地の性格及び範囲のとり方と密度との関係
四・二　都市計画区域及び市町村区域
四・三　市街地と非市街地の区分
四・四　市街地非市街地区分の一方法
四・五　市街地の区分
第五章　市街地の基本的土地用途区分
五・一　分類方法
五・二　建築、交通、緑地の各用途の混在比率
五・三　用途混在比率の規準
第六章　建築人口密度
六・一　建築人口密度の意味
六・二　各建築物に対する人口密度
六・三　居住用建物における人口密度
六・四　二、三の規準値

第七章　建築密度
七・一　建築密度の意味
七・二　建築密度と建築形状及建築配置
七・三　建築密度と形状及配置の関係式
七・四　居住用建物の場合の関係式
七・五　業務及商業用建物の場合の関係式
七・六　二、三の実例
第八章　土地人口密度、建築人口密度、建築密度の関係
八・一　居住用建物の場合の各種密度
八・二　業務用建物の場合の各種密度
八・三　混在地域の実例
八・四　混在地域の場合の各種密度
第九章　結言

論文の趣旨をまとめると以下になろう。

英華が目指しているのは、当時欧米の大学の都市計画学科で教えられていた「都市形態学（city form）」の確立である。

たとえば、「建築学」確立のため、佐野利器、内田祥三という帝大のボスたちは日本独自といってよい構造力学の体系を確立していった。それは構造力学が地震国日本にとって役立つものであるとともに、客観的な数字で表せる科学、さらにはその応用たる工学だったからである。定量的に表せない意匠設計は、帝大建築学科において講座もないまま、長く傍流に押しやられた。

内田祥三はこの考えから都市計画においても、防災工学を確立しようとした。それは、ある程度の成果をあげたといえる。だが、英華にとって、都市計画を防災工学に限定するのは物足りなく思えた。都市計画はもっと総合的学問であるべきだ。英華がそう考えた背景には、戦後の復興を、産業面でも生活面でも一日も早く推し進めなければならないという時代的要請もあったであろう。

そのためには「都市計画学」を学問として成り立つ定量的な形であらわさなければならない。そこで英華が着目したのが「密度」であった。

都市を分析する方法として、英華は「密度」「配置」「動き」をあげている。この三つは欧米で当時「都市形態」と呼ばれ、「都市計画学」の方法論として模索されていたものであった。

三要素のうち、「配置」について、英華はかつて『住宅敷地割類例集』で研究した。

また「動き」は都市のなかでの空間的動き、つまり交通や供給処理施設、情報通信などであり、既に土木分野を中心に研究が積み重ねられていた。

そこで英華は残る「密度」を、三つの要素のなかで、最も基本的なものとして、論文のテーマに取り上げたのである。

英華は「密度」として三種類をあげる。すなわち、

土地人口密度

建築人口密度

建築密度

の三つだ。ふつう、密度としてイメージするのは土地面積あたりの人口密度である。それに加えて、建築面積あたりの人口面積、土地面積あたりの建築面積（すなわち建ぺい率）を取り上げているところに、英華の研究のユニークさがある。

三種類の密度に着目したのは、大同都邑計画の体験によるものであろう。大同の計画で、英華の役割は人口から土地面積、建築面積などを割り出して、都市の大きさを算定することだったからである。

また、戦争中に空襲の対象となった下町の過密地区をどうするかという問題も念頭にあったに違いない。

三種類の「密度」に対し、英華は戦争中の東京の数字をもとに試算を行っている。それは「東京都決戦態勢強化計画」で、東京が最終的にどのような大きさで本土決戦に臨むべきかという検討で使ったものであった。

つまり、高山英華の密度論は、彼なりの「都市形態論」、「都市計画学」への試みであったといえる。ここでいう「都市形態」とは、二十世紀初頭から欧米の都市計画学者たちによっても研究されていた分野であり、そうした研究状況も英華は目にしていたに違いない。たとえば、博士論文をまとめている間、高山研究室ではS・E・サンダース、A・J・ラバース著『新都市の形態』を勉強会で取り上げており、昭和二十六（一九五一）年には高山の名前で翻訳も出版しているほどだ。

昭和二十四年四月、高山英華は教授に任じられ、第六講座（都市計画）担任となり、六月には工学博士の学位を授与された。このおかげで、二年後に第二工学部が廃止になったときも、都市計画研究室は消滅を免れた。

同じく昭和二十六年十月には、石川栄耀らと「都市計画及び地方計画に関する科学技術の研究を図る」ため、日本都市計画学会も設立している。発会式は石川が教授に就任したばかりの早稲田大学、大隈講堂で行われた。

ついに恩師との約束を果たしたわけである。都市計画学会の初代会長は、当の内田祥三であった。

内田から言われて、いまだ果たしていないのは四十一歳になりながら、英華が独身をつづけていることである。

朝鮮戦争（一九五〇〜五三年）の特需により、経済が息を吹き返した日本は、九月サンフランシスコ講和会議で独立を果たした。敗戦から六年がたち、国土が荒廃した日本にも、新しい時代が始まろうとしていた。

6 結婚

昭和二十六年三月、第二工学部が閉学した。

英華にとって、思い出深い学部である。講座を持たず宙ぶらりんのまま、助教授でいたのが、内田先生のおかげで都市計画講座ができた。二年前には工学博士の論文も通って、いまは教授である。

《建築をあんまり深く教えねえのがよくなかった。社長か実業家が多く出た……。千葉へ行って飲んだり食ったりして、建築をあんまり教せえなかった(笑)》(宮内嘉久との対談)

軍部の要求で発足したものの、第二工学部は自由な校風で知られた。富士通の山本卓眞《やまもとたくま》、日産自動車の久米豊《くめゆたか》、鹿島建設の石川六郎《いしかわろくろう》、日立製作所の三田勝茂《みたかつしげ》など、技術系の社長を多く輩出して、戦後日本の高度成長に貢献したことは有名である。

ロケット工学の糸川英夫《いとかわひでお》など、ユニークな教官も少なくなかった。

建築学科でいえば、

——本郷ではできないことをやろう。

と推進した小野薫の力が大きい。

どこか取り澄ました感じの本郷と比べ、第二工学部には人間的な先生が多く、高山英華もその一人であった。

昭和二十六年三月卒業、すなわち第二工学部最後の高山研の卒業生に大矢根雅弘《おおやねまさひろ》がいる。母子家庭に育った大矢根は、神戸から東京に出てきたものの、学資も生活費も自分で稼がねばならなかった。安田講堂で行われた入学式では、吹奏楽部が演奏する校歌に感激し、ボート部にも入ったが、何しろ金がないので、アルバイト続き。授業にも出なかった。

そうこうしているうちに三年の春、研究室を決める時期である。卒業できるかも心配だ。

（まずいな、これは）

のん気だった大矢根もさすがにそう思って、ボート部の北畠照躬《きたばたけてるあき》という先輩に相談した。昭和二十二年に第二工学部を卒業して建設省に入っている。

「そりゃあ、高山先生にすがるしかないな」

即座に答えが帰ってきた。北畠も高山研だったという。

授業に欠席しがちの大矢根は英華のことをよく知らない。記憶にあるのは、ゆったりとした口調のおかげで、講義が聞き取りやすいぐらいだ。それに自分は建築家になりたいと思っている

が、高山先生は設計を教えられるのだろうか。だが、

——お前のような状況なら、先生に泣きつくしかないよ。

と、北畠にもう一度言われ、決心した。

本郷の第一工学部と掛け持ちしているので、高山先生はいないことも多い。だが、運よく授業のあと、つかまえることができた。

「ぼくは授業には出ていません。でも、追試で何とか頑張ります。だから卒論をみていただけないでしょうか」

「ああ、いいよ。卒論なんか、翻訳でも何かやって、ごまかせばいいさ」

話してみると、存外乱暴な人だ。しかし、英語の苦手な大矢根は日本語で論文を書きたいと答え、さらにつづけた。

「実はぼくは意匠志望です。勉強不足なので、大学院に進んで補いたいのですが」

「大学院って、どこの研究室だ」

「高山先生です」

意匠なら岸田日出刀か、助教授になったばかりの丹下健三につくのがいい。しかし、両先生とも第一工学部だし、とても相手にされないだろう。

「きみ、成績はどれぐらいかね」

「えっ、大学院は成績がよくないと行けないんですか」

高山は苦笑いした。

「まあ、そういうわけでもないが。でも、ぼくは意匠設計を教えられないよ。それでいいなら、来たまえ」

そのとき英華が遠いところを見るようにして答えたのは、大矢根から母一人、子一人の身の上と聞いて、自分も同じように幼いころ父を失い、母子家庭で育ったことを思い出したからかもしれない。

――それで終わりかと思ったら、学科主任の坪井善勝先生に呼び出されましてね。大学院進学者を決める教授会で、わたしの名前が出ると、半分以上の先生が、大矢根という学生は顔も見たことがないと反対したのだそうです。それで揉めたらしく、坪井先生から「大学院は勉強不足を補うのではなく、研究するところだ」と、こっぴどく叱られましたよ。

大矢根は後にそう語っているが、それでも進学できたのは、高山が請け負ったからであろう。「意匠は教えられないから、自分で勉強しろ。その代わり、本だけは好きなだけ買っていい」

研究費の中から、書籍代五万円を自由に使う権利もあたえられた。

もっとも奨学金の九千円は神戸の母に全部仕送りしてしまったので、学資・生活費を稼がねばならない。そこで高山研の委託研究を手伝うことになった。

時代は戦災復興のコンペや文教地区などのビジョン的都市計画から、実際的建設の時代へと入ろうとしている。昭和二十七年の第一次住宅建設三ヶ年計画では全国十八万戸、東京三万戸が定められ、同じ年耐火建築促進法が公布されたように、建設されるべき集合住宅は鉄筋コンクリート造であることが期待されていた。

当時、英華が取り組んでいたもののなかに、松尾鉱山の緑ヶ丘団地がある。

《岩手の奥に松尾鉱山というのがある。そのときは硫黄が隆盛であって、そこの住宅団地をかなり早い時期にやったんですよ。そこの所長さんが社会党の人で、千田是也《せんだこれや》の俳優座がそこの演劇をやったりして、わりあい進歩的な鉱山の人で、タコ部屋をもうちょっと近代的にしようというので……。そこいらをぼくが関係した。鉱山そのものはだめになっちゃったけど、コンクリート造だし、まだ残っているかもしれない》（磯崎新との対談）

このインタビューが行われたのは昭和五十一（一九七六）年だが、団地跡は三十年後のいまも標高一〇〇〇メートルの、岩手県の八幡平《はちまんたい》近くの高原に残っている。

エネルギー転換のため、昭和四十四年会社が倒産し、閉山してしまったから、住人は一人もいない。しかし、かつて一万五千人が住んだ緑ヶ丘団地は、十一棟のアパートをはじめ、病院、小・中学校、体育館、デパート並みの品ぞろえだった大規模商店、美空ひばりや藤山一郎が来た会館などを持ち、水洗トイレ、ダストシュート、セントラルヒーティングを備えた都市の廃墟をいまに残している。

創業者であった中村房次郎《なかむらふさじろう》と後継者たちは、人里離れたこの地で働く炭鉱作業員を集めるため、社宅を理想都市としてつくろうと考えた。でき上がったのは、電気、ガス代は無料、医療や買い物、娯楽施設も完備し、労働者たちは食費と衣料費さえ出せばいい町である。

　この町は「雲上の楽園」と呼ばれて、皇族までが見学に訪れたという。

会社倒産後、鉱山跡から出る硫黄水は昭和五十年代から北上川を汚染、岩手県は今も環境浄化に多額の整備費用を負担している。しかし、かつて栄華を誇った都市の跡は人の心をひきつけ、いつのころからか訪れる人も少なくない。平成十八年には産業考古学会から推薦産業遺産に認定され、市民たちによる「松尾鉱山再生の森づくり協議会」というNPOも設立された。

　イギリスのスコットランドに、社会主義者で工場経営者であったロバート・オーエンの建設したニューラナークという町がある。「雲上の楽園」も、理想都市にこめた人間の志とそこで住んだ人々の生活感が、人をひきつけるのかもしれない。

　松尾鉱山社宅の計画が、昭和二十年代後半、高山研究室の主たる仕事の一つだった。大矢根はそこで、英華に命じられ、緑ヶ丘アパートの配置計画をした。

　――ぼくは設計をしないから。

　といいながら、高山は配置計画だけは、都市計画の一部としてこだわっている。若いころにまとめた『住宅敷地割類例集』で研究して自信があったのか。博士論文で書いたように、「配置」こそ「密度」「動き」と並ぶ都市形態の三大要素と考えていたのであろう。

　特に社宅団地の配置には、鉱山から出る硫黄《いおう》の煙が風で流れ込まないよう、配慮が必要であった。東大都市工学科大西研究室所蔵の「高山文庫」には、社宅棟の配置計画と風向の影響を検討した資料と図面が残っている。

社宅の建物は周囲の稜線と調和しながら、いまや廃墟となって自然に溶け込んでいる。近くに寄ってみなければ、それが廃墟とは気づかないほどだ。といって、そこには、都市開発にありがちな、人間の傲慢さは感じられず、逆に親しさと無常観がこもっていて、不思議な魅力がある。

同じころ、福岡県小笹《おざさ》団地、旭化成小倉《あさひかせいこくら》団地、北海道真駒内《まこまない》団地などでも、高山研究室は委託研究の一部として、配置計画を行った。


「そういえば、高山先生はどうして結婚されないんだろう」

本郷に戻ってきたころから、建築学科では教員たちの間で、そうした疑問の言葉が出るようになった。

何しろ、もう四十歳を越えている。

「給料が飲み屋の払いに行ってしまい、金がないんじゃないか」

と言う同僚教官もいる。やがて、

――原節子《はらせつこ》が好きらしい。

もっともらしい噂が立ちはじめた。

原節子は当時人気ナンバーワンの、目鼻立ちが大きく都会的な美人映画女優である。英華が昔から映画を見るのが好きなので、誰かが思いついたようだ。

「まさか」

英華より二年先輩の仲威雄《なかたけお》教授は噂を聞いて呆れた。しかし、そういえば英華には性格にロマンチックな面があり、まったくのデマとも思えない。

「大学の屋上から『原節子さん、大好きです』と垂れ幕のついたアドバルーンをあげてみるか。新聞か何かで取り上げてくれれば、原節子の目にとまるかもしれん」

冗談を言ってみたものの、先輩として、英華に好きな女性がいるのか気になる。

「君たち、心当たりがないか」

研究室助手の小島、大学院生の大矢根に尋ねたが、二人とも首を捻るばかり。大矢根などは、高山先生が親しそうに口をきいている女性というと、飲み屋の女将ばかりが思い浮かんでしまう。

先生は酒が大好きだ。

――酒を飲めないと、都市計画なんかできないよ。

と口癖のように言って、よく学生たちを連れていく。そうした店には建築学科の先生たちは不思議にも見当らない。

本郷でいうと、「とっぷ」などが行き着けの店で、来るのは経済学部の遠藤湘吉《えんどうしょうきち》、農学部の住木愉介《すみきゆすけ》、文学部の辰野隆や渡辺一夫《わたなべかずお》といった他学部の教授たちばかりだ。

大矢根などは時折連れていってもらい、ついでに小遣いまで与えられている。

「でも、先生のお気に入りは新宿のハモニカ横丁です」

「どこにあるんだ、それは」

仲教授の問いに大矢根が答えたのは、新宿高野青果店のそばにある狭い路地で、間口一間、奥行き二間、芝居の書割《かきわり》のような簾やベニヤ板で囲んだ長屋がずらりと並んでいる飲み屋街である。肩をすり合わせて飲んでいると、路地を歩く通行人の背中にぶつかってしまうほど狭い。井伏鱒二、梅崎春生《うめざきはるお》、上林暁《かんばやしあかつき》、亀井勝一郎《かめいかついちろう》、武田泰淳《たけだたいじゅん》などの作家たち、中野好夫《なかのよしお》、河盛好蔵《かわもりよしぞう》、中島健蔵らの知識人、紀伊國屋《きのくにや》書店の社長田辺茂一《たなべもいち》などが常連だ。


いつごろから英華が足を向けるようになったかは不明だが、文芸評論家の中島健蔵あたりが誘ったのだろう。中島は高師附属中の先輩で、今でも二人で東大ア式蹴球部の面倒をみている。中島の紹介で文藝春秋社の池島信平《いけじましんぺい》という編集者とも親しいが、こちらは五中サッカー部のライバルだ。その池島に依頼されて、高山は何度か『文藝春秋』に寄稿もしている。


何しろ、いまもサッカーの縁が多い。

「飲み屋で、変な女に引っかかって、なけりゃいいが」

もっとも仲威雄の心配は杞憂《きゆう》である。英華行き着けの「みち草」を切り盛りしている小林梅《こばやしうめ》はしっかり者で、「才色双絶」（上林暁「説教新聞」）を歌われ、井伏鱒二ともやりあうほどだから英華がかなうはずもない。逆に梅から、

――ちょいと、英華姐《ねえ》さん。空《から》になったそこのお銚子を片付けて。

などと呼ばれ、あごで使われたりしているくらいだ。

《とくに戦後の特色だが、学者たちが文化批判や作品批評などにおいて、文壇内で仕事をはじめた。中野好夫や中島健蔵、臼井吉見《うすいよしみ》、河盛好蔵、新庄嘉章《しんじょうよしあきら》らである。そして彼らはこぞって焼け跡のハモニカ横丁で飲んでいた。そこへ阿佐ヶ谷界隈の文士たちも繰り込み、いつか飲み仲間になっていた。そうするうちに、学者たちが「阿佐ヶ谷会」にも出席するようになる。かつての貧乏文士たちの会は、一躍文化人の会へと発展していった》（村上護《むらかみまもる》『阿佐ヶ谷文士村』）

ハモニカ横丁の「文化サロン」的雰囲気は、この引用文に出てくる「阿佐ヶ谷会」でさらに強まった。

井伏鱒二『荻窪《おぎくぼ》風土記』によれば、阿佐ヶ谷会は阿佐谷、荻窪、高円寺など、杉並区の中央線沿線に住んでいた作家たちの集まりで、戦前は阿佐ヶ谷駅近くの中華料理店「ピノチオ」で将棋会などをやっていたのが、戦後は仏文学者、青柳瑞穂《あおやぎみずほ》邸で定期的に会合していた。メンバーはハモニカ横丁で飲んでいる作家、知識人たちのうち、杉並在住者が主であった。

「みち草」の小林梅も準会員として参加したし、阿佐谷のほうでは「熊の子」の若い女店主などが、青柳邸に手伝いにやってきた。

作家たちはハモニカ横丁で飲んだ帰り、阿佐谷の「熊の子」で閉める。あるいは「熊の子」で飲みはじめて中央線で「みち草」に繰り出すのが、日常的なルートであった。

青柳邸に集まる「阿佐ヶ谷会」は作家中心のサークルだったから、高山英華がメンバーだった記録はない。

しかし、彼自身も阿佐谷の住人として、新宿の「みち草」だけでなく、当然「熊の子」の常連になった。

《その時のお店で、まだ新宿の西口で元気にやっている「みち草」には、いまでも時々お邪魔する。阿佐ヶ谷にも同じような古い店「熊の子」があり、いまでも、斎藤斎《さいとういつき》画伯、伊藤昇《いとうのぼる》さん、宮川寅雄《みやがわとらお》さんなどとお会いして、人生の幅を広くしている。これらの体験は、僕の都市計画の考え方の上に、いろいろとよい影響をもたらしていると思っています》(『私の都市工学』)

ここで英華が「熊の子」で会うといっている斎藤斎は洋画家、伊藤昇は作曲家、宮川寅雄は美術史家である。さまざまな分野の人たちと交わることによって、英華は都市計画に対し、幅広いものの見方を培っていったのであろう。

《そこに中央線文士族が——亀井勝一郎とか中島健蔵、井伏鱒二、河盛好蔵、中野好夫、若いのは梅崎春夫なんか、大酒飲んでたね。それから早稲田の『肉体の門』を書いた田村泰次郎とか、夜の二時、三時までやっていた。それで、おれは酒が強くなっちゃったんだ》(磯崎新との対談)

英華の先輩にあたる石川栄耀は「盛り場」が文化の発信場であると、その重要性を説いた。もっとも、石川自身は下戸《げこ》だったから、実践したのは英華のほうということになる。

新宿はじめ、高円寺、阿佐谷、荻窪など、中央線の駅前は、区画整理されたあと、飲み屋街になった。都市計画家は整然とした街並みや道路を理想としがちだが、自分も酒が好きな英華は

「熊の子」で上林暁ら作家たちと盃をくみかわしながら、本当のまちづくりとは何かについて思いを巡らしていたのであろう。

狭くごみごみしているが、人間的な臭いに満ちた飲み屋街を残すべきか、あるいは効率性を重んじて、すっきりとした近代都市にしていったほうがよいか。長年自分が慣れ親しんだ中央線沿線地区だけに、そして個人的にも飲み屋街を愛するがゆえに、英華にとっては難しい選択だったに違いない。

中央線駅前再開発の計画で、英華は「飲み屋街のことばかり考えていた」（「郊外のはじまり」）と、藤森照信に語っている。それは本郷文教地区でル・コルビュジエばりの図面を描き、やがて壮大な「東京計画一九六〇」に行き着く、下戸の丹下健三とは、まるで逆の都市計画家としての生き方であった。

確かに、木造でごみごみした建物は防災的にも問題だ。だから、しっかりとした都市計画の大綱は守りながら、人間的な場所として自然にできた飲み屋街のような場所の雰囲気をいかに残すか。必要なのはデザインや美よりも、むしろ計画が実施されていくルールやプロセスだとも思ったろう。そのとき一番のヒントになるのは現場歩きだった。

《私は非常にたくさんのところを歩きます。新宿の飲み屋から娯楽街、これも職務上行かなければいけないのです。自らの乏しい研究費を投じて、できるだけそういうところを歩く。あるいは下町の江東地区、浅草、あるいは京浜の工場地帯、いろいろなところを歩いておるわけです》

(『私の都市工学』)

昭和二十年代後半の高山英華の活動には、戦災復興計画に腕を振るった二十年代前半、あるいは幾多の大規模プロジェクトに携わる三十年代と比べ、あまり目立つものは見当たらない。第二工学部が廃止されたあとに本郷へ戻り、日本都市計画学会の設立に参加した程度だ。だが、それはおそらく英華にとって、のちの活躍のための雌伏《しふく》期だったのであろう。

この時代は、朝鮮戦争の特需で日本経済が復興し、ビルブーム、建設市場が広がったころである。建築の仕事が多くなり、丹下健三や武基雄ら、それまで都市計画に参加していた建築家たちが、建築単体の仕事に戻っていった時期でもあった。

逆に昭和二十七年にサンフランシスコ講和条約をへて独立したものの、日本はまだ都市計画や国土計画を立てたりする余裕のない時代であった。下河辺淳によれば、当時の吉田茂首相は計画嫌いで知られ、「明日のことさえわからないのに、何で計画などできるか」と語っていたという(『戦後国土計画への証言』)。

そんななか、朝鮮特需の好景気で、建物は建設されていく。昭和二十年代前半、何も建てられないときに描いた夢など、おかまいなしに。その設計者たちのなかには、かつて一緒に夢を描いた人々が、都市計画など忘れたかのように、建築家としての腕を振るう場面にも遭遇しただろう。

《要するに、初めにコンペがあったりすると、建築家たちは騒然としているわけだ。だけど、あとだんだん、地主と折衝したりすると嫌気がさしちゃう。法律をいじったり、予算をどうするなんていうのはいやだから。だからぼくみたいなのは貧乏くじをひいて、孤軍奮闘して、ここまでともかく来ちゃったわけだ》（磯崎新との対談）

その「貧乏くじ」とは、広島平和会館、東京都庁舎の競技設計に優勝し、愛媛県民館、図書印刷原町工場で建築学会作品賞を連続受賞、ＣＩＡＭ第八回大会にも出席して、国際的に名が知られるようになった同僚の丹下健三とは対照的なものであった。

英華の結婚に、話を戻そう。

（そういえば、「熊の子」の店主はなかなか魅力的だし、先生は意外と気があるのかもしれないな）

ある日大矢根は思いあたった。「みち草」のマダムのような女傑ではないが、函館出身で、女学校も出ているインテリだ。英華はよく「のこちゃん、のこちゃん」といって、親しそうに呼んでいる。「のこ」とは「熊の子」という店名から来ているらしい。

「仲先生に報告しておくか」

大矢根の推理を聞いて、小島は腕を組みながら言った。昭和二十二年九月から帝国大学という名称をなくしたといっても、東大が権威ある日本の最高学府であることに変わりはない。その教授が飲み屋の女を妻にしたら問題だ。小島は大矢根を連れて、仲威雄の研究室へに出かけて行った。

「本当に、高山君はその『のこちゃん』に気があるのか」

「分かりません」

答えた小島は酒を飲まないため、「熊の子」に行ったことがない。

「さて……」

話を聞いた仲教授は眼鏡の縁に手をやってつぶやいたが、やがて膝をたたいた。

「よし、やってみるか」

英華に好きな女性がいるか確かめる方策を、どうやら思いついたようである。

しばらくして、小島たちは建築学科内で、妙な噂がとんでいるのを聞いた。

――高山は四十歳を過ぎているが、独身でいる。おかしい。

という。

――ひょっとすると、女性に興味がないのではないか。

尾鰭《おひれ》までついている。

小島は悪い予感がした。あのときの仲の悪戯《いたずら》っぽい表情を思い出したからである。

(高山先生はどう思っておられるのだろう)

仲先生に妙なことを吹き込んだのはお前たちかと怒られるかもしれない。心配になって、英華のようすをそっとうかがってみるが、いつものように淡々としたままだ。噂が耳に入っていないのだろうか。

（いいや。先生は地獄耳だ）

もし、発信元が仲威雄で、それに自分たちも噛《か》んでいると分かれば、ことは穏便にはすまない。

（まずいな、これは）

そうこうするうちに、奇妙なことが起きた。小島が阿佐谷の家にお邪魔してみると、英華が自分で屋根に上って、布とコールタールで雨漏りを補修している。台所の流しもいつの間にか新しくなっていた。

（巣作りみたいだな。しかし、まさか）

と思っていると、昭和二十七年も暮れ近く、建築学会の帰りに、有楽町駅の階段のところで、英華は急に小島に振り返った。

「ちょっと、俺は明日から三日間休むぞ」

「お母様の具合でも悪いのですか」

「お袋は元気だ。じゃなく、個人的旅行だ」

「調査ですか」

出張の予定を聞いていなかった小島は尋ねた。

「うるさいな」

英華の声が高くなった。

「そこまで俺に言わせるのか」

うわあ、と小島は心のなかで叫んだ。いつ先生が噂に反撃するか。沈黙を守っているのは、きっと嵐の前の静けさだと思っていたら、やっぱり、あれは巣作りだったのだ。休むというのは新婚旅行に違いない。

「ひょっとすると、ご結婚ですか」

「うーん」

果たしてどういう相手なのか。当時は結婚式といっても家で行い、親戚だけが集まるこぢんまりとしたものが多いから、大学関係者を呼ぶとしても、既に退官している内田先生ぐらいだろう。とすると、同僚の先生たちは知るまい。

予告どおり、次の日から英華は休み、三日たってから、新妻を連れて大学にやって来た。結婚式に皆を呼ばなかったので、挨拶ということらしい。

「ずいぶん若い方ですね」

「先生より、背が高そうだ」

建築学科の同僚や学生たちが好奇心の目で新しい夫婦を見る。仲威雄などはしてやったりと得意げだ。

「ちょうどいい、お写真を撮りましょう」

研究室の入沢恒《いりさわひさし》が写真機を持ち出してきて、二人の記念写真を撮った。新妻の背が高く、しかもハイヒールを履いているので、英華が背伸びをしたポーズをとり、皆の笑いを誘う。

新妻は旧姓で三穂理恵子《みほりえこ》といい、大正十三（一九二四）年生まれ、英華より十四歳若い。家が近く同士のため、英華は理恵子が毬をついて遊んでいた少女時代から、よく見知っていた。それが美しい娘に成長し、姉の開く「ノア」という洋品店を手伝っていて、結婚の運びとなったのである。

灯台下暗し《とうだいもとくらし》。いずれにしろ、これで英華は、内田先生が言い置いた三番目の宿題も果たした。

このころの英華は一つ興味深いプロジェクトを手がけている。

小石川に建設するサッカー専用競技場の設計であった。

――ぼくは設計をしないから、教えられない。

と言っていた高山が、ある日研究室に帰ってきて、大矢根を大声で呼んだ。

「おい、ちょっと来い」

いつもはゆったりしているのに、今日は声も甲高い。少し興奮気味だ。

「早速スケッチを描け」

「な、なんですか」

「小石川の砲兵工廠《ほうへいこうしょう》跡地に、専用サッカー場をつくることが決まったんだ」

「でも、ぼくはサッカー場なんて、よく分かりませんよ」

「この間、大学の営繕課に頼まれて艇庫を設計していたじゃないか」

それは大矢根がボート部だったからである。東大ボート部ＯＢには大物が多く、大学のボート施設に、いろいろと文句をつけてくる。そこで大矢根に白羽の矢が立ったのだ。

そのほか、大矢根は、先輩の経営している建築事務所からのアルバイトで、住宅の設計などもやっている。だが、さすがにサッカー場は手がけたことがない。だいいち日本に専用サッカー場などあるのだろうか。

「あるわけないじゃないか。これが本邦最初だ」

今までは外国からチームが来ると、明治神宮外苑競技場などで行っていた。最近は後楽園競輪場も使われているが、いずれもほかの競技との併用だ。それが小石川の旧陸軍兵器工場跡地にサッカー専用でできる案が持ち上がっているという。

「竹腰さんに頼まれた」

東大の先輩である竹腰重丸は、日本代表チームの監督を務めている。そのほか、日本サッカー協会のお偉方には東大の先輩や、英華と学生時代戦った早慶卒の元選手たちも多い。

これほどまで、仕事に熱をこめている英華を、大矢根は見たことがなかった。貧しい苦学生である自分に、先生は結婚したばかりでも、小遣いをくれている。今こそ恩返しのときだ。

そう思ったものの、参考になる専用サッカー場の資料は皆目ない。いままで学校のグラウンドで行われたり、海外からチームが来ても陸上競技場、競輪場などを使っている。何とか、そういった類似施設を手がかりに、サッカーのコートを真ん中に描くことでごまかした。

「いかんな」

高山先生が落胆したような声で言った。

「観覧席が六千しかとれない。これでは小さい」

「……」

「それに大矢根君、サッカー場には芝が必要だ。その芝が図には記されていないぞ」

そうだったのか。今まで日本の試合は土で行われていたから、知らなかった。

「まあ、いい。そのへんは池原君の協力を仰ごう」

池原謙一郎《いけはらけんいちろう》はいま東大農学部助手で造園を専攻しているが、学生時代はア式蹴球部だ。

いろいろ描きなおさせたスケッチを、英華は日本サッカー協会に持っていった。そこでまた検討され、描きなおすという作業がつづく。小石川につくる案自体がひっくり返って、後楽園を改造する案なども出てきたりし、計画は二転三転した。

そうこうしているうちに、大矢根にも愛する女性ができて、結婚することになった。本郷の料亭の娘である。神戸から母親も呼び寄せたので、研究室で遊んでばかりいるわけにはいかない。何しろ、大学院にいて、修論どころか、一つの論文も書かないまま、留年の期限もきれつつある。

――小石川計画がはっきりするまで、もう少し研究室にいてもいいぞ。

と、英華は言ってくれたが、それでは身分が安定しない。先輩が経営する設計事務所に雇ってもらい、毎週一回の研究室打ち合わせにだけ出席することにしたが、それもやがて出なくなってしまった。

以後、大矢根は小石川の仕事から――そして英華の仕事全体から――離れた。

専用サッカー場ができたと大矢根が知ったのは、数年たった昭和三十四年、アジア大会のときである。

神宮外苑競技場が国立霞ヶ丘陸上競技場として改築され、サッカー場としても併用された。こちらなら収容力は五万七千ある。しかし、予選などもあるので、小石川運動公園にも専用サッカー場が急遽つくられたのだった。

お披露目はアジア大会C組予選の日本対フィリピン。フィリピンは参加十四か国中、最弱と目されていた。

ところが、日本は終始押しまくりながら、後半フィリピンに一点をあげられて敗北してしまう。つづく香港戦でも敗れ、日本は予選落ちした。

小石川サッカー場は幸先の悪いスタートを切ったわけである。急いでつくられたので、工期も足りず、芝が養生できないまま、麦を蒔いて間に合わせた。

このサッカー場の設計者が誰であったのか、東京都でも記録が残っておらず、高山英華の年表にもない。ただ後藤健生《ごとうたけお》『日本サッカー史』に、以下の記述があるのみだ。

《東京の小石川の旧砲兵工廠跡地には初のサッカー専用競技場として約六千人収容の東京都立小石川サッカー場（東京蹴球場）が作られた。設計は東大サッカー部ＯＢの高山英華教授だった》

大矢根の推測によれば、英華が行ったのは基本計画であり、詳細設計は都からどこかの設計事務所に出されたのであろうという。

以降、高山英華は東京オリンピックのときも、

——都市計画を行う者は建築設計に色気を出すな。

と、弟子たちに戒めるのを常とした。あるいは小石川サッカー場という、唯一の建築作品が幸先の悪いスタートを切った反省だったのかもしれない。


本郷に移って数年がたつと、高山研究室にも人材が集まってくるようになった。

昭和二十八年卒の宮沢美智雄《みやざわみちお》は優秀な学生で、大学院に進んで修士課程も、きちんと二年で卒業した。このまま博士を目指すと思われたが、

——ぼくはどうも、よそから与えられた問題を解くのが得意みたいです。

と言って、建設省建築研究所に入った。そのうち本省に移って、建設行政に携わるようになり、のちに、英華が新都市計画法を検討する委員になったとき、宮沢は担当の課長補佐であった。

同じように生まじめなのが、宮沢より二年後輩の石田頼房《いしだよりふさ》である。森鷗外《もりおうがい》や宮沢賢治《みやざわけんじ》を愛する読書家でもあり、高山研で博士号を取得した第一号となった。やがて東京都立大学教授となり、『日本近現代都市計画の展開』という名著を世に送り出すことになる。

石田と相前後して博士号をとったのが、川上秀光《かわかみひでみつ》である。小島が日大に去ったあとは高山研究室の助手となり、戦後日本における物的都市計画の確立と教育に尽くした。実際、高山研究室の名で行われた都市計画プロジェクトの多くは、川上によって行われたものが多い。のち、東大教授となり、都市工学科第一講座をあずかることになる。

変わり種は農学部林学科から移ってきた伊藤滋《いとうしげる》であろう。指導教官が英華の東京高師附属中学校サッカー部の先輩、加藤誠平《かとうせいへい》であった関係から、英華を頼って、建築学科へ編入してきた。加藤からの紹介状を持って、研究室に行ったら、

——そこへ置いとけ。

と、素っ気なく言われ、その後何の返事もない。やはり駄目だったのかと心配になった滋青年は、十月末になり、思い切って確かめにいった。すると、

——この間の教室会議で決まったよ。

と、ぶっきらぼうに英華から告げられてほっとした、と伊藤は書いている（『昭和のまちの物語』）。

もっとも、このころ、研究室にいた某学生は

——今度、作家の息子が来る。成蹊で俺の後輩だ。

と、英華から聞いていたというから、無関心そうに見えたのは伊藤の思い過ごしだったのかもしれない。

伊藤を変わり種としたら、村上處直《むらかみすみなお》はもっと変わっている。

村上は横浜国大の建築学科で建築音響学を学び、修士課程で東大にやって来たが、ついていた教授が亡くなってしまった。工学博士号をとって、学者になるつもりだったのが、予定が狂ってしまったわけである。高校時代サッカーの選手だった関係で、英華に可愛がられていた村上は困って泣きついた。

――ぼくは東大に来てから、都市計画がやりたくなってきました。なんとか、博士課程に入れていただけませんか。

――そうだなあ、入れてやりたいが。

建築学科の教官たちは村上が修士のときの専攻が音響だと知っている。教授会で出しても、すんなりとは通らないだろう。

――ちょっと、太田君のところに隠れていろ。

太田博太郎は日本建築史が専門だが、やはり元ア式蹴球部だ。村上は太田研究室で研究生として半年ほどいたのち、ほとぼりが冷めてから、高山研究室に入ることができた。

英華は村上に防災を専攻させることにした。マスコミの取材などには、できるだけ出させるようにし、名前が売れるように取り計らってもいる。

このほか、英華は大谷幸夫、磯崎新、渡辺定夫《わたなべさだお》といった丹下研究室の若者たちにも慕われた。磯崎などは、高山研究室が担当した都市開発計画に、パースなどを描いて、手伝ったりもしていたという。

高山の門下生には、まじめな学生から変わり種まで多士済々であった。そして学生たちの多様さ、英華の鷹揚なリーダーシップが、昭和三十年代高度成長時代のなかで、花開いていく。

昭和二十七年から三十二年まで、英華は日本都市計画学会で「首都圏に関する一連の研究」を行ったと、『高山英華年譜』(宮内嘉久作成)にある。

東京都戦災復興都市計画は、石川栄耀が戦争中の「防空都市計画」を修正して、応急的につくったものの、食糧、住宅、防疫など日々の応急対策に追われるばかりで、進んでいなかった。そこで東京都議会は首都の都市計画をナショナルプロジェクト化することを国に請願し、それを受けて昭和二十五年首都建設法が議員立法で可決、首都建設委員会が設置されていたのである。東京の都市計画は、二十年後の新都市計画法成立まで、国と地方自治体が入ったこの委員会が立てることになった。

首都建設法ができたころは、日本都市計画学会が委託研究費を受け、東京都の内部および周辺の衛星都市の土地利用、勢力圏、衛生、交通等の現況を調べ、広域都市計画のあり方、開発方式の基準などを作成した。

学会内に大都市問題研究会が設けられ、委員長は学会長の内田祥三が就任し、十五名の委員には早大教授になったばかりの石川栄耀、北村徳太郎、笠原敏郎らの学識経験者、佐藤昌《さとうあきら》、木村《きむら》三郎《さぶろう》ら建設省の官僚、町田保《まちだたもつ》、五十嵐醇三《いがらしじゅんぞう》ら首都建設委員会事務局らが名を連ねた。

若手委員として、高山英華も加わっており、五つの小委員会の一つでは委員長にもなっている。時に四十代前半で、官僚たちと同年輩。委員会で意見を述べるというより、作業グループのリーダーである。

委員会が東京の都市計画をつくるにあたり、範としたのがグリーンベルトや田園都市などイギリス都市計画の理念、具体的には「大ロンドン計画」であった。

第二次世界大戦が終わるや、イギリスはすぐに首都圏の計画作成に着手した。これは戦争中にロンドン大学都市計画学科教授パトリック・アーバークロンビー教授が作成していた案をもととしており、ロンドンの外周に幅五マイルにわたる、開発を制限する計画的緑地帯（グリーンベルト）を設けて、都市の無秩序な膨張（スプロール）を抑制し、都市の住民に快適な田園環境を確保しようというものである。さらにロンドンに集中しようとする機能はグリーンベルトの外側に衛星都市を職住近接のニュータウンとして計画的につくり、立地の受け皿にすることも決められた。

英華たち大都市問題研究会の委員たちも、この大ロンドン計画に大きな影響を受けた。

《大都市圏の一つのパターンとしては、当時はやはり大ロンドン計画というのがわれわれの模範でありまして、要するにグリーンベルトをつくって、環状や楔形緑地をなるべく残そうというパターンです。これは当時、首都圏整備委員会の前からそういうかたちでいろいろな方々が動いておりまして、絵は何回も描いたのです。それで、グリーンベルトが三浦半島の先からずうっと回ってきて、三鷹の国際基督教大学《こくさいキリストきょうだいがく》のところ、あるいは多磨霊園を通って、ずうっと埼玉県の蕨《わらび》のところあたりで切れそうになって、また千葉県の柏のほうから東京湾までずうっと一応描いた図があります》（『私の都市工学』）

英華たちは、このグリーンベルトを、当時首都建設委員会の所掌範囲であった東京都を越え、神奈川、埼玉、千葉の隣接三県にまで拡大しようとした。

東京都の人口は戦争末期の昭和二十（一九四五）年に約二百八十万だったものが、二十五年にはおよそ六百三十万と戦前の規模に戻りつつあった。毎年数十万人と人口が増加しつづけるなかで、東京の問題を解決するには、都という行政区分にとらわれていては駄目だということがはっきりしつつあったのである。

英華は博士論文で研究した密度の試算方法を適用し、東京の既存市街地がもはや収容能力として限界に近づきつつあるとした。石川栄耀ら先達は東京を二十三区のスケールで考え、杉並や練馬に開発を抑制する緑地地域を置いていたが、いまや神奈川・埼玉・千葉県なども含めた広域的生活圏として考えるべきなのだ。

こうして、グリーンベルト案は、先輩たちの計画を超え、三浦半島、武蔵野、埼玉、千葉へと広がっていく。

既成市街地は日本の中心地でありつづけながら、郊外は田園的風景に満ち、グリーンベルトがつづいて、農漁業や工業などが身近に展開され、住宅も計画的に整備された田園都市――それが英華の思い描く理想の東京だったのだろう。

郊外も単なる住宅地ではなく、産業、職場などが身近にある複合的なゾーンとしてイメージされた。

《いわゆるベッドタウンといわれるようなものではなく、なるべく職場を一緒に建設するものとしたいということです。しかし、そこに公害の出るような工場を近接させることも不適当ですから、なるべく、学園や研究所やきれいな工場を近くに建設することができることが望ましい。そうでなくても、その居住都市から東京の中心に通勤する量を減らし、その付近の既存の研究所や産業施設に通うような居住者を選んで住まわせるようにしようとしているわけです》（『私の都市工学』）

博士論文で「密度」にこだわった理由も、下町のような木造密集市街地が地震や火事といった災害に危険であると同時に、人間が住む環境として問題と考えたからであったろう。

このころ、彼は川崎や鶴見の工業地帯についても詳しく調査している。それは経済発展のための工業開発に関する調査ではなく、工場に通うための便を考えながら、生活環境を確保するため、労働者はどこに住居を定めるべきかという検討であった。公害なども気づかれず、工場敷地内に社宅さえ建設されていた時代にあって、労働者の生活環境を重視して研究したところに、英華のヒューマニストとしての一面がうかがえる。

かつてともに都市計画を行っていた友人たちが建築家として活躍するなかで、人々の生活環境に目を向け、飲み屋街で文化人たちと交わり、足で調査しながら都市計画を地道に始めていた時代——それが英華の昭和二十年代後半であった。

7
東京オリンピック

一九五五年、すなわち昭和三十年以降、戦後の日本は大きく変わる。

国際政治情勢でいえば、二年前の一九五三年ソ連の独裁者スターリンが病死し、朝鮮半島では休戦協定が結ばれて、東西の緊張が緩和され、いわゆる「雪解け」となった。日本も国際連盟に加盟、ソ連との国交も回復して、国際社会への復帰が始まった。

国内でも、長い吉田政権が終わり、分裂していた保守・革新各党がそれぞれ合同して、自由民主党、日本社会党という二大政党による「五五年体制」が確立した。もっとも、二大政党とは名ばかりで、実際には自民党の長期政権という「一・五大政党制」だったのだが。

もはや戦後ではない、と昭和三十一年の『経済白書』はうたいあげた。国民の勤勉な努力と朝鮮戦争の特需によって日本経済は見事に回復した。これからは復興ではなく、新たな建設の時代だ。いままで復興の旗振り役だった経済安定本部（昭和二十七年から経済審議庁と改称）が経済企画庁に再編され、六・五パーセントの成長率を実現するため、重化学工業化と輸出の拡大を図る「新長期経済計画」を策定したのも、この時期である。

昭和二十五年に国土総合開発法が制定されながら進んでいなかった「全国総合開発計画（全総）」も、三十一年から準備作業に入った。それまで地域開発といえば、食糧増産やエネルギー資源の開発が主だったのが、工業開発の時代へと移行していったのである。

昭和二十年代後半は目立った動きのなかった高山英華だが、三十年代、それも中盤から急に多くの政府委員会やプロジェクトにかかわりはじめている。試みに『都市の領域』の巻末にある「高山英華略年譜」（宮内嘉久作成）で昭和三十三年から三十五年の三年間の活動を見てみよう。

《昭和三十三（一九五八）年　四十八歳。新宿副都心地区実態調査。名古屋市およびその周辺の住宅立地に関する研究ほか。

昭和三十四（一九五九）年　四十九歳。池袋都心地区実態調査。六月、経済審議会（内閣）専門委員。八月、八郎潟《はちろうがた》干拓事業企画委員会（農林省）委員。十二月、オリンピック東京大会組織委員会・施設特別委員会委員ほか。

昭和三十五（一九六〇）年　五十歳。ヨーロッパ・アメリカへ出張。四日市《よっかいち》市中心市街地再開発パイロットプランほか。農村漁村振興対策中央審議会（農林省）専門委員ほか》（一部省略）

ここにある新宿や池袋の副都心、名古屋周辺、秋田県八郎潟、オリンピックなどのプロジェクトは昭和三十年代後半に本格的事業になっていく。「八郎潟干拓地新農村計画」が昭和三十八年、「名古屋市およびその周辺の住宅立地に関する研究」が発展した「高蔵寺《こうぞうじ》ニュータウン計画」も同じ年に始まり、東京オリンピックは、その翌年である昭和三十九年に開催された。

経済審議会の専門委員になっているのも目をひく。経済企画庁が「全国総合開発計画」を作成中で、この計画が昭和三十七年に定められて、高度成長を主導するのだが、担当者はかつて「防空調査」や「本郷文教地区開発構想案」を学生として手伝った下河辺淳だった。建設省に入省した下河辺は当時経済企画庁に移っていたのである。

昭和三十年代高度成長を実現するための地域開発に、英華も重要な役割を果たしていたことになる。委員だっただけではなく、プランナーとして計画を研究室が請け負ったものも少なくない。

このころ描いた都市計画について、英華を批判する意見がある。

一九六〇（昭和三五）年前後、高山研究室は三重県四日市から依頼されて「四日市総合計画の構想」「四日市市中心市街地再開発パイロットプラン」を作成した。批判とは、昭和三十年代後半から顕著になる四日市公害の責任が排出企業だけではなく、コンビナート計画を進めた国や自治体、そしてプランナー高山英華にもあるとするものである。

しかし、英華は本当に四日市を公害に導いたプランナーだったのだろうか。

四日市コンビナートは厳密には全総ではなく、戦前に内務省官僚が構想していたもので、戦後国や市が工場進出を促進したとき、英華は何も関与していなかった。

英華が市の総合計画構想を始めたころは、石油化学工場が既に進出が決まり、一部は立地しはじめている。四日市コンビナートの建設について、下河辺はその計画責任が、国の官僚であった自分にあったと認めているほどだ。

《市長からは「四日市の歴史、現在の問題点、将来への提案という三部作でつくってくれ」と言われ、私は国土計画協会というところに声をかけ、一流の学者を集めて検討しましたが、中心になって調査し、報告書にまとめたのは私です》（下河辺淳『時代の証言者7』）

高山英華は、この「一流の学者」の一人だったのであろう。しかし、計画を委嘱されたときは既に「工場ありき」「コンビナートありき」だった。

英華の立場はむしろそうした現実を前に、問題解決の道を探ろうとするものだったように思われる。

《あそこ（四日市）に、工場をつくるのは元凶だろう？ そしたら、住宅は間を離してつくれっていうのが、住宅の大事な始まりだ。それから公害の後始末という最後がある。だから、あそこでは全部やったわけだ。（中略）住宅地と公害を離す。京浜工業地帯よりは住宅地を離せと》（宮内嘉久との対談）

新しく工場ができたからには、従業員の住宅もつくらなければならない。その住宅地は郊外に配置し、臨海工業地帯の周囲を緑化して、影響を避ける。そして工場に早く環境装置の整備を促すというのが、英華の計画であった。

昭和二十年代、高山は助手の小島重次とともに、川崎・鶴見の京浜工業地帯に関し、一連の調査を行っているが、そこでもポイントは工場従業員の住宅に置かれている。既存の京浜工業地帯よりも、つくられたばかりの四日市コンビナートでは住宅地をできるだけ離して配置しようとしたのである。

（市全体としての都市計画がないままに、工場だけを先行して建設するのは間違いだ）

コンビナートでは工場、プラント、港湾など、生産のための施設は合理的にレイアウトされる。しかし、それらはあくまでも生産のためのもので、住宅など生活環境は置き去りだ。

「これからの地域開発はコンビナートだけでなく、住宅や商業など、さまざまな生活機能を持った都市として計画する必要がある」

英華のそうしたアドバイスもあり、下河辺は経済審議会では新しい地域開発の概念として「新産業都市」を出してきた。

一九六〇（昭和三五）年発足した池田内閣は「所得倍増計画」で、今後十年間に日本の経済規模（国民総生産）を二倍にし、完全雇用を実現して、鉱工業生産を四・三倍、一人あたり消費支出を二・三倍にすると宣言した。産業だけでなく生活にも、そして大都市だけでなく地方の振興にも、目を向けよう――下河辺の提案は、それらの実現のため、工業だけでなく、住宅など生活機能も含めた地域開発を、全国的な拠点開発方式で行おうというものであった。

新産業都市に指定されたもののうち、高山研究室は富山県射水《いみず》の広域都市計画をつくっている。富山と高岡の間に新港をつくり、工業団地、住宅団地などに適当な間隔を置いて、周辺を含めた計画である。

それはコンビナート四日市の反省に立った、都市の総合的計画であった。


しかし、英華にとって身近だったのは実は工業より、農林水産業であったろう。

学生時代は父の故郷である千葉・流山に毎年帰り、卒業論文・設計では「漁村」をとりあげたこともある。

《八郎潟が（自分の卒業設計だった）漁村計画の延長だよ》（宮内嘉久との対談）

英華はのちにそう語っているが、八郎潟の新農村計画は、彼がかかわった多くのプロジェクトのなかで、もっとも愛着が強かった一つといえるかもしれない。

八郎潟は、秋田市北方約二十キロメートル、男鹿半島の首部に位置し、日本海に臨んで東西十二キロ、南北二十七キロ、総面積およそ二万二千ヘクタールの半かん湖で琵琶湖に次ぐわが国第二の湖であった。それを干拓して一万七千二百ヘクタールの農用地にしようという、日本農業史上も類を見ない大規模プロジェクトである。

幕末の安政年間以来、明治・大正・昭和戦前と幾度か干拓計画が立てられたものの、着工には至らなかった。それが戦後の食糧対策として計画が立てられ、オランダからの技術援助を得て、昭和三十一年に干拓工事が始まったのである。

英華が最初にこのプロジェクトに加わったのは「吉田内閣のときですか、食糧事情が悪いころ」（「八郎潟干拓と新農村計画」東畑四郎《とうはたしろう》、浦良一《うらりょういち》との座談会）というから、干拓事業が始まる前、昭和二十年代後半だったろう。

そのとき見せられた案は「農地の宅地がずっと線状に並んでいるようなプラン」（前掲書）のみであった。

（これじゃあ、単なる土地の区画割じゃないか）

図からは農民たちの働く姿も生活のイメージもわいてこない。

「入ってくる農家はどういう方たちですか」

英華は農林省や秋田県の役人たちに訊ねた。

「これから募集する予定だから、そんなこと分かりませんよ。果たして、入植希望者がいるかどうか」

「でも、来られる人たちはきっと農業に夢を持っているはずです。いままで自分たちがやっていたことと違うことをやろう、新式機械を導入して、アメリカ式の大規模農業だって夢見ているかもしれない」

「そんなことしたら」

秋田県の役人は顔をそむけた。

「彼らはすぐ破産してしまいますよ」

「でも機械だって、共同で買う方法もあるじゃないですか。田植えだって、協業化して。そりゃあ、うまくいかないかもしれない。けど、八郎潟で農業をするからには、新しい試みに挑戦してみたいと思っているはずです。だから検討ぐらいしてみてはどうですか」

英華は雄弁だった。学生時代の卒業設計で、漁業の共同化・協業化を考えたことがあり、農業でも似たようなことをできないかと思ったのである。

「高山先生は東京の方だから、農業の現実をご存じでないようですね」

県の役人がはき捨てるように言った。食糧増産といっても、農家の暮らしは相変わらず苦しい。次男、三男層は土地を分けてもらうことなく、いわば余剰人口になってしまっている現状だ。

「県からは毎年一万人以上の出稼ぎ者が出ています」

その多くが農家の次男や三男で、行く先は北海道が大半。漁業や農業、土木作業などの仕事だ。

英華に示した区画割図で、一戸あたりの農地面積が二・五ヘクタールになっているのも、秋田県の標準農地面積にあわせたものだという。

「二・五ヘクタールなら、コンバインもトラックも要りません」

「じゃあ、十ヘクタールならどうですか」

アメリカの大規模農業と比べたら小さい。でも十ヘクタールなら、何軒かで共同所有し、新式の農業に挑戦できるのではないか。

「農地を増やしたら、八郎潟だけ特別扱いだといって、周囲の農家が黙っちゃいませんよ」

どうやらこれが秋田県の本音らしい。

「借金を返せなくなって、農林省も大蔵省からお目玉を食らうんじゃないですか」

県の役人は同意を求めるように、農林省のほうを見た。

今まで黙っていた農林省の役人も複雑な表情を浮かべる。

英華に計画を見せたのは、上司である農地局長の指示によるものであった。

局長の名は東畑四郎といって、農政課長時代、農地改革をやり遂げた実力者である。

農林省が農地の計画をするとき、ふつう、委員として協力してもらうのは農業土木の専門家とするのが通例である。ところが、東畑は
――今度の八郎潟は農地だけではない。農民の住宅や商業施設、娯楽施設を含んだ都市計画が必要だ。

と言って、英華にも計画を見てもらい、助言を仰ぐことを部下に命じたのである。

日ごろ、農林省は建設省と対立することが多く、都市計画の研究者となじみが薄いのだが、東畑局長は東大で農業経済を教えている兄の東畑精一《とうはたせいいち》教授に相談し、高山を紹介してもらった。

（しかし、とんだ素人だった）

担当の役人たちはそう結論し、東畑四郎がよその部署に転じたあとは、英華に相談することもなくなった。

八郎潟の農地計画は従来のように農業土木学会に検討が依頼され、二・五ヘクタールとすることで、干拓が始まったのである。

ところが、干拓が終わりかけた昭和三十年代半ば、農業の情勢は一変する。

食糧増産で進んできたのが、政策の転換が必要となったのだ。農林省が予測してみると、今後米の需給バランスは供給過剰に陥り、戦後ずっとつづいてきた食糧管理法も見直さざるを得ない。それまでの「作れば売れた」米作も再考を余儀なくされ、農業生産の高度化、大型化が求められる。

昭和三十四年、時の伊東正義《いとうまさよし》農地局長は、八郎潟を新しい農業のあり方を試す場とするため、「八郎潟干拓事業企画委員会」を設け、定年退官していた東畑四郎に委員長就任を請うた。また、事務局の企画調整課にも、櫻井重平《さくらいじゅうへい》など元気のいい若手官僚を集めた。

東畑は英華を口説《くど》き落とし、農村建設部会長として、八郎潟のプロジェクトに再び引き込む。官僚としての一生を農政にささげた東畑にとって、いまや農業問題は食糧問題ではなく、農村自体をどうするかという問題となっていた。

「高山先生は、ドイツでは農村を考える場合、国土総合開発の一環としてあらゆる問題を含めて地域総合開発をやる、とおっしゃっていましたね。ぼくも兄に聞いて調べてみました。やはり、河川担当の省は河川計画を出し、観光担当ならレクリエーションの計画を出すとか、道路計画を出すとか、いろんなそういうことをしながら、農務省がまとめ役になって、単独所管にしているらしい。今度の八郎潟では、そんなふうに農林省がリーダーシップをとらなくてはと思うんです」

地域開発の観点から、農業を考えていくという発想である。想定される農家一戸あたりの敷地は十五ヘクタールにまで広がり、アメリカ式の大規模農業も検討されることになった。

英華は次のように回想している。

《それで農林省がやろうというんで、ぼくは全面的にマスタープランニングのほうを引き受けた。建設省が入ろうとしたけど、断ったわけだ、道路をつけようというのを。（中略）それで、そのときの問題点は、ぼくたちはどうせやるんだから、カリフォルニアと匹敵するような大規模農業を日本でもやって、それで農業の生産性を高めて、農家が補助金で食べたり、農耕地を補助金もらって休耕田にするなんていうことはもってのほかだから、要するに自給できる村をつくれといって、一戸あたり十五ヘクタールかな、それでやったんだ》（宮内嘉久との対談）

研究室での八郎潟担当として、英華は石田頼房をあてた。二年前に修士課程を終え、博士に取り組んでいる生まじめな青年である。設計もうまいが、宮沢賢治などの小説も好きらしいから、東北で遠くても嫌がらずにやるだろう。

あまり仕事のなかった数年前とは対照的に、いろいろなことを依頼されるので、高山研究室は忙しい。そのなかで農地というと、建築の学生はあまりやりたがらないが、石田は意義のある仕事には労を厭わない性分だ。

「これはコルホーズだぞ」

と、言ってハッパをかけたのは、石田がマルキストだったからである。カリフォルニアを出したら断りかねないが、コルホーズといったら、やる気を出すに違いない。

石田はのちに東京都立大学教授として都市計画の権威となるが、師の英華を尊敬しつづけ、かつマルキストとして生きることになる。

——君はいつもぼくの左側に座っているな。

時折、師は弟子にそう茶目っ気まじりに言ったが、自らもマルクスをかじったことのある英華の、それは愛情表現であったろう。

英華は東大建築学科の後輩である浦良一にも協力を頼み、八郎潟に取り組んだ。

石田は干拓地の中央西より、砂地盤のところにセンター地区を設けた。面積六百九十ヘクタールで、ここに居住区と農業施設区がある。

居住区は、おおむね長辺二キロメートル、短辺一キロメートルの約二百ヘクタールの用地で、幅三十から六十メートルの防風林によって囲まれている。中央に役場、公民館、農協、商店、診療所、学校、運動公園、墓地などからなる三十五ヘクタールの公共施設ゾーンがあり、その東西

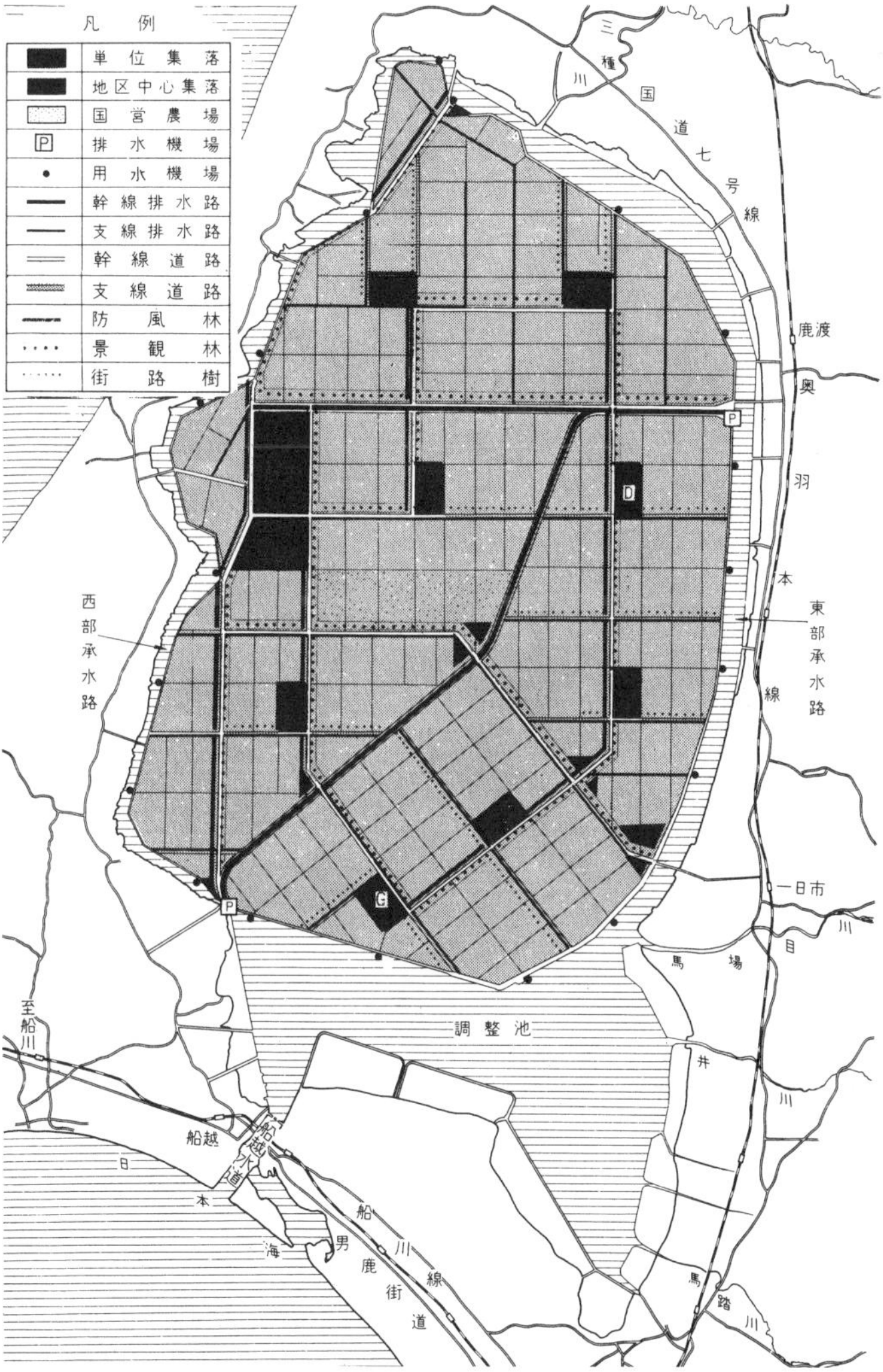

八郎潟干拓地の地域計画

が住宅用地である。五百メートル角の大街区で、百から百五十戸を単位に六住区を配置し、八郎潟の農民の住居をここに集中させた。住区は防風林で囲まれ、住区内道路はループ状に計画した。

農業施設区は居住区の東と南の約二百九十ヘクタールをあてた。米穀サイロのカントリーエレベーターのような大施設はもとよりすべての農業施設を居住区と分離し、共同化したところに特徴がある。

八郎潟はその後、入植者の状況により、修正を余儀なくされた点もあるものの、東畑四郎、高山英華、石田頼房らが考えた計画コンセプトの大かたは守られた。

その根本的な思想は、八郎潟を一種の新しい農村開発、産業を含んだニュータウンとして考えたところにある。

のちに高山英華は高蔵寺、多摩、筑波といった日本の主要なニュータウン計画を手がけるが、新都市の計画として、八郎潟は最も成功しているように思える。それはこの地が、大都市郊外に建設された住宅地中心のニュータウンと違って、働く場を持ち、しかも町全体が住民たちによって、いまも誇りを持って支えられているからであろう。

八郎潟で忙しくなりはじめた昭和三十四年、高山英華はさらに大きな国家的プロジェクトの計画を引き受けようとしていた。

五年後に開かれる東京オリンピックの施設計画である。

ちょうどその年の五月、ドイツのミュンヘンで開かれた国際オリンピック協会（ＩＯＣ）総会で、東京はデトロイトなどの競争相手を破り、第十八回オリンピック開催地に決定した。意気揚々と凱旋した招致委員会事務局長の田畑政治《たばたまさじ》は、帰国するや難題に直面する。政財界人や各省庁が自薦他薦で委員の人選に殺到した組織委員会は、何とか九月三十日に開かれたものの、競技場や選手村の施設問題はまだ緒についたばかり。水泳場一つをつくるにしても、敷地も設計者も未定の状態である。

田畑は誘致運動の資料づくりに建築家として協力してくれ、いまも体協理事を務めている中山克巳に相談した。中山は早大在学中に走り高跳びの選手だった経歴を持ち、弟の素平《そへい》が経済同友会代表幹事なので、政財界に人脈が広い。

「田畑さん、ぼくは早稲田出身だから、東大出の官僚たちはとてもまとめられない。やはり、東大の先生を委員長にして施設委員会をつくらないと」

「誰か、適当な先生がいるかな」

「本来なら、岸田先生だろうが」

中山の言った岸田日出刀は東大建築学科教授で、戦前に東京でオリンピックを開催しようとしたとき、ドイツに留学し、帰国後オリンピックの会場計画をつくりあげた。田畑もそういう経緯は知っていて、日本を発つ前に当選のあかつきにはよろしくと挨拶に行ったが、どうせ当選しないと思っていたらしく、鼻もひっかけてくれなかった。

「高山さんなら、鈴をつけられるかもしれない」

「あのサッカーの選手か」

「東大建築学科の先生でもある」

「えっ、そこまでは知らなかったな」

田畑は水泳連盟出身なので、サッカーの英華と特に親しいわけではない。中山に教えられるまで、建築学科教授というのも初耳だった。しかし、人望があって評判のよい人であることは知っている。

田畑と中山は二人で高山を訪問し、岸田に施設委員長を依頼するときに口添えをしてもらうよう頼んだ。

高山が同席して、岸田日出刀に施設委員長就任を頼んでみると、相手は意外と機嫌よく承諾した。岸田なりに、頓挫《とんざ》した戦前のオリンピックへの未練があったのだろう。

「建築家の選定はぼくに一任してもらうよ」

腕まくりするようにしてそう言った。岸田は大学で建築計画を教えているといっても、自ら設計することは少ない。むしろ可愛い弟子に、活躍の場をあたえてやろうという気持ちのほうが強かった。

(丹下健三君あたりを起用しようというのだな。でも、前川國男さんや坂倉準三《さかくらじゅんぞう》さん、芦原義信《あしはらよしのぶ》さんあたりはどうするつもりだろう。それに菊竹清訓《きくたけきよのり》君など、優秀な早稲田の若い人たちにも活躍の場をあたえないと、日本建築界の総力体制ができないのだが）

英華が思っていると、

「高山君」

岸田の甲高い声が突然とんだ。

「オリンピック施設計画には都市計画も必要だ。選手村から競技場までの交通も考えなくちゃいけないし、競技場の敷地は広いから造園との調整も要る。大体、施設をどこにするか決めて、手当てしなくちゃならない。そういった面倒な仕事は君に任せたよ」

自分は建築家の選定に専念する、ということらしい。

「中山さんには運動施設のエキスパートとして助言していただく。つまり、高山君と中山さんが二人で副委員長として、ぼくを補佐してもらう」

岸田委員長、高山・中山を副委員長という体制は、田畑局長の腹案でもあったが、早くも具体的役割まで岸田は決めてしまった。

「自分がベルリン・オリンピックを見にいったとき、シュペーアという建築家が腕を振るっていたな」

岸田のいうアルベルト・シュペーアはヒトラーに見いだされ、ベルリンをパリのように美しく壮麗な都市に改造しようとした建築家である。街並みには高さ、様式など厳格な規制を設け、合わないものは取り壊されたし、モニュメントが首都のあちこちに建設された。

「しかし、いまはあんなことは無理だ。いろいろな方面から文句が出てきて、建築家の意思は踏みにじられてしまう。だから都市美までは頑張らなくていいからね、高山君」

「わかりました」

そういう経緯で昭和三十四年の暮れ、オリンピック施設委員会は岸田日出刀委員長のもとで始まったのである。


――面倒な仕事は君に任せたよ。

岸田にそう命じられた高山英華だったが、実はオリンピック開催には都市計画上で大きな難問があった。

東京の交通問題である。

終争直後、都の都市計画課長石川栄耀は東京に幅員四十メートルから百メートルの放射線道路を三十四路線、環状線を八路線、合計五百二十キロメートルの道路計画を作成した。しかし、壮大な石川のプランは戦争に負けたばかりの日本では、実現の方策をもたなかった。

《本当に道路をつくったりするのは、また道路屋さんなどがいるでしょう。そうじゃなくて石川さんたちはプランナーだから、やっぱりちょっと文化的な、人間的な考え方をもっているんです。特に石川さんは、本筋の道路屋さんとあまり意見が合わないいんです》（英華と石田頼房との対談、

石田頼房編『日本近代都市計画史研究』所収）。

「夢多き人」である石川が東京都庁を去ったあと登場するのが、山田正男《やまだまさお》という人物である。

内務省の土木技師だった山田は昭和三十年、時の安井誠二郎《やすいせいじろう》知事に招かれて、都の建設局都市計画部長に着任した。それまで「東京の都市計画は、一九四五年から十年間はほとんど何もやらなかった」と、のちに山田は誇り高く断じている（「首都高速道路と新宿の計画の思想」における鈴木《すずき》信太郎《しんたろう》との対談、石田頼房編『日本近代都市計画史研究』所収）。

――都市計画は実現できなければ、なんの意味もない。

石川栄耀と対照的に、山田は現実家であった。

山田のもとで長年道路行政に携わった堀江興《ほりえこう》は、かつての上司を評して「決して他人に隙を見せたり与えたりすることがなく、仕事にかけては人の数倍のエネルギーを発揮するところがあった。おのずと風貌も相応に備わり、その偉丈夫に近寄り難さを感じる人も少なくなかった」（「道路網の整備」）と述べている。

都に来る前は神奈川県土木部計画課長をしていたが、これも五島慶太《ごとうけいた》と堤康次郎《つつみやすじろう》の箱根山戦争を収めるのは山田しかいない、と指名されてのことだったというから、きわめて強面《こわもて》で意志的な人物だったのであろう。

昭和十三年、内務省都市計画東京地方委員会にいた三十八歳の山田は、東京でもやがて自動車が主たる交通手段になると予測し、東京に高速道路網を敷くべきだという論文を発表していた。

だから、東京の都市計画に乗り出すのは、山田にとっても本意だったに違いない。最も力を入れるべきは、もちろん彼の専門である土木分野、それも道路計画である。

いまや山田が予測した十七年前と比べると、東京の自動車台数は七倍の約四十万台に達し、さらに毎年五万台ずつのペースで増え続けている。その結果、都内各地で渋滞が頻発、このままでは昭和四十年に都の交通は完全に麻痺状態になってしまうだろう。

ところが、首都建設委員会で道路計画は何度も立てられながら、実現する兆しはまったくなかった。国が補助金をつけてくれても、東京都は使えずに返してしまうほどで、そもそも計画策定に不可欠な、縮尺三千分の一の地形測量図面さえつくられていない。

「すぐ測量図をつくれ。カネは明朝知事を訪ねて、俺が直接もらってきてやる」

安井知事から都市計画部長として招かれるにあたり、山田は一つの条件をつけていた。予算要求でも都市計画でも、すべて上司や財政当局を通り越して、直接知事にあげてよいという条件である。そのため、朝早く知事の家を訪ねて、予算をとってしまう。

完成したばかりの測量図をもとに、昭和三十二年、山田は八本の放射路線と都心部の環状道路からなる総延長七十一キロメートルの緊急幹線道路七ヶ年計画を作成した。

反対派住民は都庁や審議会に押しかけて、山田を追いかけて罵倒し、灰皿を投げつけたり、唾をかける。だが、山田は「仁王立ちとなって、決して弁解せず」(前掲書)、計画を翻そうとはしなかった。

このとき山田にとって、まさに神風が吹くような事態が起こった。

東京でオリンピックが行われることになったのである。

——オリンピックと聞いて、実のところ、わたしはがっかりした。道路をつくらなければならないときに、なぜ競技場などを建てなければならないのか。金の無駄遣いだ。

山田はそのときの気持ちを正直にこう述べている。

田畑事務局長が交通問題について聞きにきたときも、

「さあ、分かりませんね。道路計画だけはあります。でも、実現はいつになるか分からない。責任をこっちに持ってこられても困りますよ」

と、気のない返事をしていたのである。

だが、ひょんなことから、彼の立てた道路計画がオリンピックを機に実現することになった。

昭和三十四年夏、山田は国際住宅・都市計画会議に出席するため、ヨーロッパに出張した。ロンドン、パリ、フランクフルト、ハンブルク、アムステルダム、ブリュッセルなどを見て回り、最後イタリアに着く。

ちょうど一年後にオリンピック開催を控えたローマでは、スタジアムをはじめとする建設が進んでいる。しかし、山田の注意を引いたのは、建築ではなく、道路工事の進捗だった。ローマは遺跡の上に現代の人々が住んでいるような状況で、きちんとした道路もなく、慢性的な交通渋滞に悩まされている。それがオリンピックを契機に、高速道路、一般道路が思い切って整備されているのだ。

――これは。

と、山田は驚いた。都市計画はなかなか実現しないものだが、オリンピックのようなイベントとからめると、さまざまな障害が取り除かれてしまう。予算もつけられるし、反対意見も押し切って、今まで試みられていない新奇な策や工法も可能だ。

《ローマのオリンピックをみてきて、なるほどオリンピックを利用して都市を整備するというのが、オリンピックという事がわかったよ。（中略）オリンピックを利用して、外国でも都市基盤をやっているね。建物じゃないよ》（山田正男『東京の都市計画に携わって』）

よし、オリンピックに便乗して、東京の道路計画を実現してやろう、と山田は決意した。そうすれば都心の慢性的交通渋滞が解決され、都内のホテルに泊まっている外国人観光客は各競技場へ予定どおり行け、オリンピックを楽しむことができるだろう。

土木技術者である山田にとって、都市計画とはすなわち道路計画にほかならない。岸田日出刀や高山英華といった建築屋に口出しさせてなるものか。

山田は実現すべき道路を、首都高速道路と一般道路の二種類に分けた。

首都高速道路は十七年前に提案していたものだ。その後首都建設委員会の計画に盛り込まれ、山田が都に赴任して以来、最も力を入れている。

「特に、羽田空港から中央区までの一号線を整備しなければなりません。そうすれば、羽田に着いた海外からの選手や観光客にあたえる東京の第一印象はよくなります。そこから代々木へ向かう四号線とつなぐ形にすれば、競技場間の交通はめざましく改善されるでしょう」

山田の主張によって、首都高速道路公団が設けられ、一号線（羽田・中央区本町間）、四号線（日本橋本石町・代々木初台間）を中心とする約三十二キロの建設がオリンピック関連事業として建設されることになった。

「オリンピックまで、あとわずか五年しかない。果たして間に合いますか」

国会に呼ばれて、そう議員から質問をされたとき、山田は傲然と答えた。

「絶対に間に合わせてみせます。見ていてください」

山田には腹案があった。時間がないから、地権者たちの反対、土地買収などにかかわっている暇はない。だから、地権者たちに文句を言わせない方法をとる。

「空中作戦だ」

日ごろ冗談一つ言わない上司の不可解な言葉に、部下たちは目を白黒させる。

「俺の言っている意味が分からないのか」

山田はわざとうんざりして言った。皆の戸惑いが、実のところ、いまは心地よい。

「既設の道路、運河の上を通せ。下は公共の土地だから、誰も文句はいえないよ」

「果たして、そんなことができますか。実例は海外にありますか」

「じゃあ、君たちはどうしたらオリンピックに間に合わせられるんだ」

大声で怒鳴ると、部下たちは従うしかなかった。部下だけではなく、安井の後任である東龍太郎《あずまりゅうたろう》都知事も、そして「影の知事」といわれ、実際の都政を仕切っている鈴木俊義《すずきとしよし》副知事も少し首を傾げはしたものの了承した。

こうして「空中作戦」は実行された。高速道路はまるで鉄でできた大蛇のように、東京の都心をのたうち回り、時には三回も四回も交差しながら、ビルの間を通り抜けた。

生きた河川や由緒ある日本橋の上を高速道路が屋根のように通る形になったのも、この時である。

《歴史に『もし』はないというが、もし山田正男という実行派のエンジニアが存在しなければ首都高はできなかったと僕は判断する》

と、政策研究大学院大学教授の篠原修《しのはらおさむ》は書いている（「首都高という鏡」）。「首都高なかりせば、もちろん今の東京はもっと美しかっただろう。だが、交通渋滞は極限にまで達し、東京はしばらく前のバンコク」になっていただろう、とつづく。篠原の専門が景観工学であるがゆえに、首都高の評価は都市計画の難しさを物語っている。

山田が完成を目指した道路は、首都高速道路以外にもあった。

別に、合計三十路線、全長七十五キロメートルの一般道路もオリンピック関連道路として、千七十億円の費用をかけて建設することになったのである。

なかでも環状七号線の新設は、当時選手村が米軍の朝霞《あさか》駐屯地に想定されていたことから、ローマで日夜工事がつづけられているのを目の当たりにしたとき、まず山田の脳裏に浮かんだものだった。

（朝霞に選手村が置かれれば）

海外から来た選手たちは羽田空港に到着したあと、朝霞まで東京都内を縦断する。毎日の競技にも、朝霞から駒沢、代々木、明治神宮外苑へ赴かねばならない。そのためには、朝霞と駒沢、羽田を結ぶ道路が必要だ。

（そのままのルートが都市計画決定だけはされている）

大田区平和島を基点に、目黒、世田谷、杉並、練馬、板橋、北、足立、葛飾を経て、江戸川区に至る、十二の区にまたがる総延長五十二・五キロメートルの幹線道路。関東大震災後に策定されたが、完成はいつとも知れない。昭和十五年に国道一号との交差で松原橋がつくられたが、後は続かないまま、放置されている。

（その長年の宿題が、朝霞選手村で解決されるのだ）

東京の道路というと、どうしても放射路線を優先され、縦断ルートは後手になってしまう。そういうわけで放置されていたのだが、オリンピックで突然浮上したのである。

（全部でなくてもいい。オリンピックまでに環状七号線の西半分だけでもできれば、海外からの選手団を迎える羽田空港、サッカーやバレーボールが行われる予定の駒沢、戸田の漕艇場《そうていじょう》、そして朝霞選手村が結ばれる。そして拡幅予定の青山通りで、駒沢から代々木、神宮外苑を経て、首都高につながれる。つまり環状七号線、青山通り、首都高といった東京の道路体系の骨格が、オリンピックによって一気に実現できるのだ）

山田正男は現実家である。しかし、理想を軽蔑し、誰でもできることだけをやって満足しているような俗物ではない。理想を追うあまり、実現不可能な計画をつくるのをよしとしないだけだ。

「朝霞に選手村があっても大丈夫。環状七号線は完成させてみせます。そこから各競技場へもつながるよう、首都高、青山通りも完成します」

山田は田畑事務局長に保証した。

「えっ、本当ですか。それは助かります。でも、山田さん、道路建設はいつ完成か分からない、ということだったのでは」

「ローマに行って、考えが変わりました。道路は是が非でも完成させなくてはならない。わたしが責任を持ちます」

そのために、できる限りの手を打つ。土地買収や強制収用には山田が体を張って正面に立つし、予算も国や都から分捕ってくる。オリンピックに間に合わせるためには、あらゆる犠牲は厭わない。

「鉄道や道路との交差は高速並みの立体交差にします。そして土地買収の金には糸目をつけませ

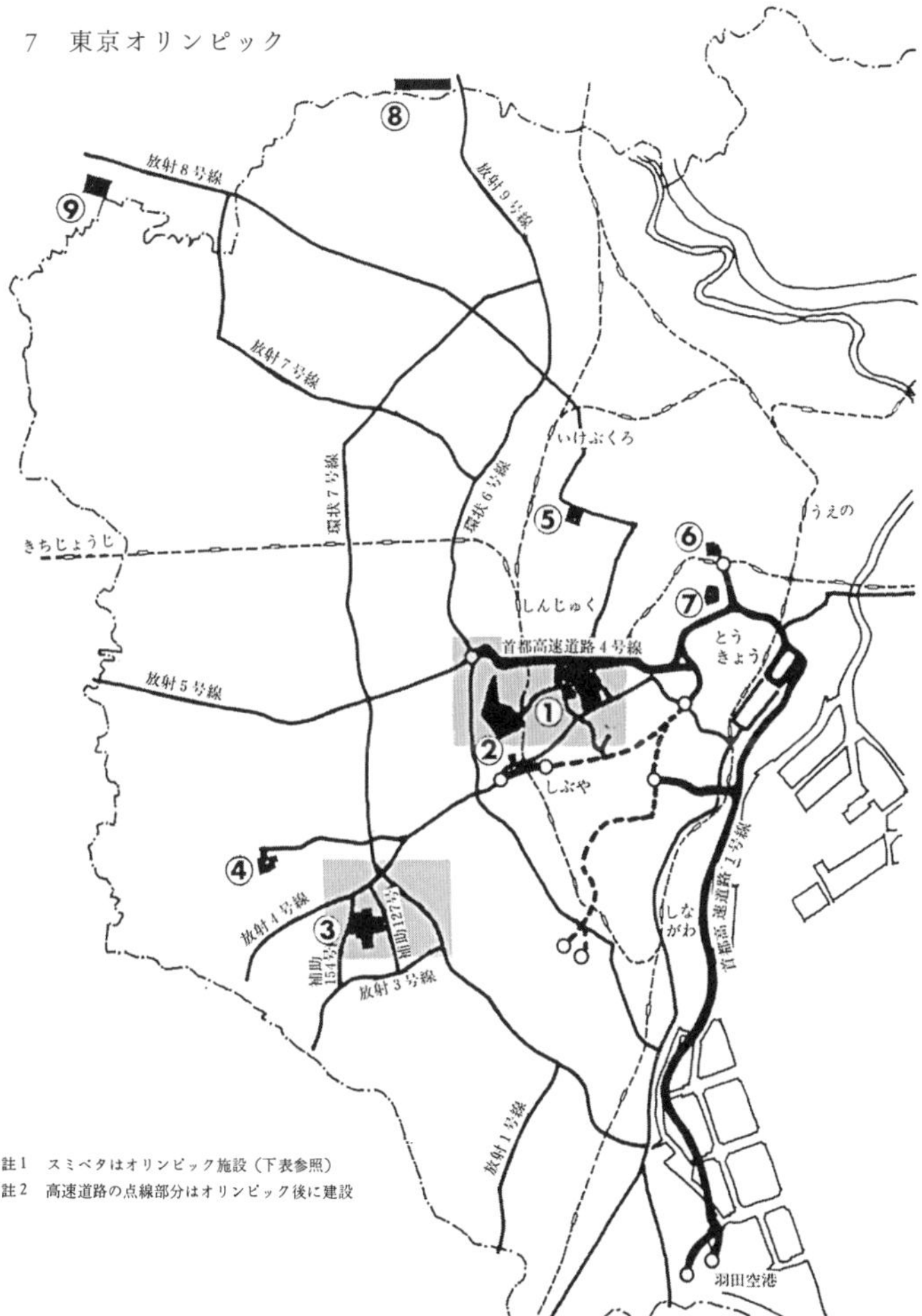

註1　スミベタはオリンピック施設（下表参照）
註2　高速道路の点線部分はオリンピック後に建設

オリンピック施設配置と関連街路

国立競技場 ①………	開・閉会式、陸上競技、サッカーほか
東京都立体育館………	体操、水球
秩父宮ラグビー場……	サッカー
国立総合体育館 ②….	水泳、柔道、バスケットボール
選手村…………………	宿泊施設、練習場ほか
渋谷区公会堂………………	ウエイトリフティング
都立駒沢運動公園 ③…….	サッカー、バレーボール、レスリング、ホッケー
馬事公苑 ④………………	馬術
早稲田大学記念会堂 ⑤….	フェンシング
後楽園アイスパレス ⑥……	ボクシング
日本武道館 ⑦…………….	柔道
戸田漕艇場 ⑧…………….	漕艇
朝霞射撃場 ⑨…………….	ライフル射撃、クレー射撃

ん」

山田が意気軒昂《いきけんこう》なので、素直に喜んだ田畑は十一月三十日に開かれたオリンピック組織委員会で、朝霞選手村案を確認した。

「オリンピック村は朝霞に置く予定です。ここから都内へはいるのは現状では大変ですが、都によると、環状七号線の整備により、選手村から都内の競技場へは二時間以内に着けるということですから、心配ありません」

こうして東京オリンピック組織委員会は選手村を朝霞に置くことで検討を進めることとし、政府に対して米国側との返還交渉に入るよう要請した。

年が明けた一月、東竜太郎都知事は東京の都市計画を進めるために、従来の都市計画局を首都整備局と改称、初代局長に山田正男を任じた。

東京の都市計画に君臨し、「天皇」とまであだ名される山田によって、オリンピックのための世紀の突貫工事が始まったのである。

朝霞選手村案を前提に、山田正男が道路建設に邁進《まいしん》していたころ、施設委員会で副委員長を務めていた高山英華はどうしていたのだろうか。

高山自身の談話によると、このころ彼が主として行っていたのは、競技地の選定だったようにも思える。

総合馬術競技場は厩舎が必要だというので、競馬場のある府中や習志野を候補地として調査した。が、周辺が既に市街化してしまっており、新たなスペースなどない。富士の裾野まで調べたあげく、軽井沢に落ち着いたが、馬に検疫も必要で、その「場所も軽井沢へ持っていったりして、ずいぶん大変だった」（磯崎新との対談）。

ヨット競技などは、さすがに東京都内ではできない。神奈川県の誘致もあって、江の島にしたが、江島神社との兼ね合いや、ヨットハーバー、宿舎の建設問題を解決する必要がある。そこで現在の大磯プリンスホテルに新館を建て、選手村にあてることとした。

これらの思い出を語るときの英華は、本当に楽しそうだ。実際そうしたお祭りごとが好きでもあったのだろう。

作業の進め方は、山田正男とはまるで違っている。英華はあくまでも関係者とともにあったし、具体的には事務局長の田畑政治ら体協の関係者と一緒だった。英華は彼なりの気配りで、皆が満足するように取り計いながら、決断に対しては自分が責任をとる。そうしたプロセスの大切さを重んじない人間にとって、高山英華は形だけの御輿だったろうし、分かる人間にとって、生涯の師や友でありつづけた。

高山英華は石川栄耀のように、大きな夢を語りはしなかった。かといって、山田正男のような独裁者でもなかった。

東京オリンピックのときの英華の役割は、いわばサッカーのキャプテンだ。キャプテンは必ずしもスター選手ではない。だが、試合が始まったあと、コート外にいる監督に代わって、作戦の中心になる。フィールドで選手間とボールをやり取りしながら、時に攻撃、時に守備の役を担うチームの要なのだ。

《高山英華氏は特別委員会委員として岸田氏を補佐すると共に施設総合計画小委員会委員長の立場でオリンピック施設計画の具体的な展開、諸調整の任に当たられた》

と、門下生の山岡義典《やまおかよしのり》は書いている。

委員会という言葉が持つ、単なる机上の審議だけでなく、英華の活動は現地に赴き、場所を決めてくるといった泥くさい役回りだった。

その英華を一番悩ませたのが、水泳場（プール）をどこにつくるかである。

陸上競技を行うスタジアムのほうは、アジア大会のときに既に建設していた国立競技場を増築して使うということですんなり決まった。

だが、プールのほうはバスケットボール場と併設して、屋内競技場にすることになったものの、場所はなかなか決まらない。

――プールは代々木に置く。

と、岸田は強く主張した。

もともと戦前のオリンピックでは、代々木を中心会場として自分が設計しただけに、思い入れがある。屋根つきだから、オリンピック施設のなかで、建築デザインとして、もっとも腕が振るえ、人の目を引くと直感しているのだろう。

もちろん、そこで腕を振るうのは愛弟子の丹下健三である。

「でも、岸田先生。代々木は米軍がワシントンハイツとして住宅地に使っており、どうも返還してもらえなさそうです」

「だから、全部じゃなくていい。プールのための敷地だけでいいんだ。高山君」

「ははあ」

英華は顎に手をやった。

「君ちょっと行って、アメリカと交渉してきたまえ」

岸田日出刀にそう命じられたものの、英華にアメリカへの手づるはないし、英語もしゃべれない。

困った英華は、田畑事務局長と一緒に、外務省にアメリカの感触を探りにいった。すると
――全面返還は別として、部分的なら可能性があるのでは。

という情報を得ることができた。

(やれやれ、どうやらうまくいきそうだな)

と安心して、帰る道すがら、田畑が妙なことを言った。

「これで角田さんも喜ぶでしょう」

「角田さんというと……」

「角田栄《つのださかえ》さんですよ。建設省の営繕局で建築課長をされている」

建築設計の才能がありながら、民間設計事務所ではなく、官庁の営繕で働くことを選んだ角田は国立競技場の設計を担当している。しかし、アジア大会のときの増築なので、彼としては物足りない。そこで田畑の言葉によると、プールの設計もやろうとしているというのである。

「確か、アジア大会でもプール計画案をつくっていたはずですよ」

あとで調べてみると、田畑の言うとおりで、『建築雑誌』に発表までしている。

これは大変だ、と英華は思った。岸田先生は既にプールを丹下健三に設計させると決めている。もちろん丹下本人にも伝えられているだろう。

(困ったなあ)

高山は物静かな角田の表情を思い出した。角田は京大出身であまり親しくはないが、彼なりに誇りもあり、プールを設計しようという野心もあるに違いない。

(こういうことは直接本人に謝るに限るな)

英華は角田を建設省に訪ねた。

「オリンピック施設設計にはアジア大会以来、角田さんには思い入れがあるでしょうね」

と、切りだす。

「でも、角田さん。あなたは国立競技場に専念して、プールのほうは民間に任せてもらえませんか」

角田は英華の顔をまっすぐに見つめた。

「いいですよ。わたしもそう思っていましたから」

「えっ、賛同していただけますか」

「ええ。だから、プールを設計コンペにしたらどうでしょう」

岸田の意中の設計者が丹下健三だ、と角田は知っているのだろうか。岸田は不用意だから、もう多くの人に話しているだろう。誰でもが参加できるコンペを催すというのは、おとなしい角田のせめてもの抵抗かもしれない。

(しかし、コンペも一理あるな)

英華がそう思ったのは、公共施設の設計者は、誰もが参加でき、アイデアを競い合うコンペティションをして決めるべきだとは、岸田も日ごろから言っていたことだったからである。

説得するつもりで角田を呼び出しておきながら、コンペという正論を出されると高山はその気になった。すぐ岸田に進言する。

「コンペにすれば、前川國男さん、坂倉準三さんや早稲田出身の連中など、有名な建築家たちが参加して、日本中も注目するでしょう。もちろん丹下君も参加する。東京オリンピックのよいPRになるのではないでしょうか」

「君は昔から、ぼくの意志に逆らってばかりだね」

岸田は眼鏡に手をやりながら、厳しく言った。不機嫌なときによくやるしぐさである。

「コンペをやったら、丹下君が勝つに決まっている。だが、もう余分な時間はない。オリンピックまで、四年をきったのに、また何か月も空費してしまうじゃないか。ぼくはもう丹下君に命じているんだ」

やっぱりそうだったか。英華はため息をついた。

「それよりも、高山君、ワシントンハイツ返還交渉はどうなったんだ。全部返してもらって選手村にしたらという考えもあるそうだが、そんなことはどうでもいい。一部返還の確答だけをもらい、プールの敷地をはっきりさせたまえ。丹下君だって、設計を始められず、困っているよ」

確かに、丹下の立場からすると、そうだろう。

《岸田さんは、ともかく前川さんと坂倉さんがあんまり好きじゃねぇんだ。言うこと聞かねぇから。それで岸田さんが丹下君を推したんだよ。だから、初めっからあすこは丹下君だということになっちゃった》（宮内嘉久との対談）

自分の弟子のうち、もっとも優秀で才能のある丹下健三に、歴史に残る建築を設計させたいということで、岸田の念は凝り固まっていた。

「建設省の営繕が文句をいっているのなら、あそこの部長は小場晴夫《おばはるお》君だ。彼に話せ」

と、東大卒の上役から圧力をかけるよう、英華に指示する。どうやら角田がプール案を描いているという話は岸田の耳にも入っているようだ。

「プールが設計できないから」

と、岸田はつづけた。

「丹下君は妙なものに手をつけはじめている。高山君みたいに、彼も都市計画に興味があるようだ。まあ、都市計画で新しく学科をつくるそうだから、彼が教授になるためにはいいが」

当時、東大では都市工学科を設立する話が進んでいた。現在の建築学科では講座数に限りがあるため、世界的名声はあっても丹下健三は助教授にとどまっている。だが、新しく都市工学科ができれば、講座が増えるから晴れて教授になれる。ちょうど丹下は博士論文も完成させたばかりだった。

「教授になるためという意味は認めるが、実際には都市計画なんてやったってしようがない。どうせ、実現しないんだから。それより、よい建築を一つでも多く残すことのほうが大事だとぼくは思うがね」

岸田の言うとおり、丹下は東京の都市計画案を発表したばかりである。それは山田正男が強引に道路計画を実現に導いていった都市計画とは異なる、あるいはチームワークを重んじる高山英華とも違う、建築家としての都市計画であった。

「東京計画一九六〇」と題されたその計画は、山田と英華がそれぞれの方法でオリンピックに取り組んでいたちょうどそのころ、マスコミに発表され、世の注目を浴びていたのである。

国立屋内競技場（プール）の敷地が未定で、岸田や英華がやきもきしていたころ、そして山田正男は朝霞に選手村を置くという前提のもと、道路計画の実現に邁進していたころ、すなわち一九六一（昭和三十六）年NHKの新春番組で、丹下健三は斬新な東京の都市計画案を提案した。

《丹下は、それまでのように建築界ではなく、まず社会に向けて直接働きかけた》

と、藤森照信は書いている（『丹下健三』）。

《壁面に貼られた大きな東京計画一九六〇の模型写真を指し示しながら、丹下が語る東京改造計画は、日頃、建築や都市計画に関心のない人を含め、多くの視聴者に強い印象を与えずにはおかなかった》（前掲書）

それまで日本で都市計画の図面が、一般マスコミの論議を呼び起こしたことはほとんどなかった。行政の都市計画図は規制中心だったし、素人が考えた未来図は専門家から問題にもされなかったからである。唯一の例外は関東大震災前後に後藤新平がつくった帝都復興計画だが、これも「大風呂敷」とあだ名され、揶揄の対象とされる始末だった。

ところが、丹下健三は、美しく描かれた配置図によって、高度成長の上り坂を進みはじめた日本人の夢をかきたてたのである。単なる空想や思いつき、あるいは官僚の退屈な図面と違って、その計画は日本と東京の未来に豊かな希望をあたえるものだった。

まず図面には大きく東京湾が中心に据えられる。

いままで東京の都市計画といえば宮城か、あるいは山手線が中心と相場が決まっていた。郊外に拡大するスプロールと、それによって増える交通量をどのように解決するかが都市計画だと考えられてきたからである。

拡大する郊外とは、戦前においては品川や杉並といった山手線を越えた東京市内であり、戦後は八王子、立川、町田などの三多摩、あるいは都の境界を越えた神奈川、千葉、埼玉へと広がりつつあった。

ところが、丹下は都心に近接しながら、ブラックボックスとなっていた東京湾に目をつけたのである。

しかも、その東京湾には都心から太い背骨のような軸が延びていた。はるか富士山から発し、新宿・池袋を経て、皇居を挟んで都心を横切り、東京湾に突き出て木更津に至る、二本の道路に挟まれた帯状の軸である。具体的には高速道路・鉄道とそれを支える構築物であり、「中央官庁地区」「オフィスビル地区」「ショッピング・ホテル地区」などが設けられて高層ビルが連なり、軸に直交して、左右に広がる道路に「住宅地区」が海上に散らばる。

いまや東京、ニューヨーク、ロンドン、パリといった大都市は人口一千万を超え、なお成長をつづけている。これを「過大」と見て、成長を抑制することが都市計画と考えるプランナーは多い。

《しかし過大という前に、その発展の必然性、その存在の重要性、そしてその果たすべき機能の本質を、正しく見なければならない》（丹下健三「東京計画一九六〇―その構造改革の提案」『新建築』一九六一年三月号）

なぜなら、そうした都市の成長こそが東京の活力を支えているから。いまや時代は第二次産業を中心とした工業社会から、第三次産業を核とした情報社会へと移行しつつある。そして情報社会とは、サービスやコミュニケーションが相互に結びあい、関係しあうことによって成立するものだ。明治以降、日本経済は工業化によって成長してきたが、時代は大きく変わろうとしており、東京は情報化によって、新たな発展を遂げようとしている。いわば、都市に集まった人々のコミュニケーション、会議、出会い、会話、電話、コンピューターが経済を支え、新しい社会をつくる時代が目の前にきているのだ。

未来のためにこそ、東京は改造されなければならない、と丹下はいう。成長を抑制するのではなく、むしろ成長を促進し、方向性をもたせるために。巨大都市を放置しておけば、今までのように同心円的な拡大、すなわち郊外への拡散と交通問題を生む。すると人々は交通混雑や過密により、情報社会に対応するためのコミュニケーションのための場、出会い、話し合い、会議するための機会と時間を失ってしまう。つまり、放任された東京をコミュニケーションの阻害、不活発化という弊害から救い、情報社会にソフトランディングするためにこそ、都市改造が必要なのだ。

そこで丹下が案出したのが、東京湾というフロンティアに向かって、都心を線型に延長する計画だったのである。

来るべき情報社会への予言と、それを見事に東京湾に図化した丹下の都市計画案は、一九六〇年代日本の高度成長の輝かしい記念碑となった。

国では下河辺淳ら官僚たちが工業を中心とした国土計画をつくり、東京都では山田正男が道路整備に勤しんでいた同時期に、丹下健三は情報社会を視野に入れた東京の華麗な未来図を描いてみせたのである。

直前に、丹下は『大都市の地域構造と建築形態』という博士論文を完成させたばかりだった。「東京計画一九六〇」は、まさにその計画版だったといえる。中心は図や模型写真だが、文章にかなりのボリュームを割き、工業社会から情報社会へという骨太な予言を背景に持っているのも、そうした意味からであろう。

丹下の「東京計画一九六〇」は六〇年代、高度成長をひた走る日本人の夢をかりたてた。政財界、マスコミの注目を、丹下は誇らしげに書いている。

《「東京計画」に極めて強い関心を示された一人に、のちに経済同友会代表幹事となられた、東京電力社長、木川田一隆《きがわだかずたか》さんがおられた。木川田さんは、私にしばしば声を掛けられて議論を重ね、また、当時の東大総長茅誠司《かやせいじ》先生とも熱心に協議されて、東大の都市工学科新設に大変尽力して下さった。大学に新しい学科をつくるのはなかなか難しいことであるが、建築、土木学科の関係教授陣の努力にお二方の加勢もあり、きわめてスムーズに誕生した》（『一本の鉛筆から』）

ところが、丹下の「東京計画一九六〇」が注目を浴びていたまさにそのとき、国立屋内競技場の敷地となるはずの代々木ワシントンハイツでは、思わぬ展開が起きていた。

一九六一（昭和三六）年五月九日、すなわちオリンピック開催まであと三年余りとなった日に開かれた日米合同委員会施設特別委員会で、アメリカ側は朝霞と代々木ワシントンハイツの二駐屯地返還について、次のように回答したのである。

一　朝霞地区は全面返還には応じられない。たとえオリンピック開催期間中、一時使用は認めても、大会終了後はアメリカ軍の使用に復する。

二　代々木ワシントンハイツならば、全面返還に応ずる。但し、移転費用については日本が全面的に負担する。

つまり、それまでの「代々木の全面返還は難しいが、朝霞なら可能だ」という予想が、まるきり逆転してしまったのである。

いままで日本側は、朝霞選手村を前提としてオリンピック計画を進め、国会や都議会でも報告してきた。環状七号線などは既に土地買収や設計にも入っている。そうしたことがすべて見直さなければならなくなるのだ。米側の回答を聞いた東龍太郎都知事が「青天のへきれき」と驚き、上へ下への大騒ぎになったのも当然であった。

東京都は「朝霞選手村」案への巻き返しを図ることと決し、回答撤回に向け、政府に要望する。

しかし、アメリカ側の姿勢は変わらない。

九月六日、ライシャワー米国大使は池田勇人《いけだはやと》首相に「プールだけでなく、選手村も代々木に置くことで検討してみてはどうか。これを機に、首都の真ん中に残っている米軍施設を返還することは、日米友好のためにもよいだろう」と提案した。

ライシャワーの言葉を機に、日本側の対応も大きく変わる。

政府から、オリンピック組織委員会に、ワシントンハイツ案を受け入れるよう、伝えられたからである。

収まらないのは東京都だ。既に朝霞案を前提に道路計画をつくり、環状七号線も走り出してしまっている。東知事や山田正男はなお「朝霞選手村の方針は不変」とし、抵抗をつづけた。

しかし、朝日新聞が九月十九日に「選手村を代々木へ」、さらに十月五日には「ワシントンハイツに踏み切れ」という社説を連続的に掲げると、世論も大きく、代々木案に傾いていく。もともと頭を冷やして考えれば、代々木のほうが、各施設に近く、選手村には適地なのだ。しかも、都心の一等地を米軍に占領されている事態を早く解決することは、戦後日本人の悲願だったはずである。

アメリカ側の態度はなぜ急に変化したのだろうか。

それはこの年一月、四十三歳のジョン・F・ケネディが大統領に就任し、政権が変わったことによるものであろう。ケネディは、前年の安保条約改定反対運動で盛り上がった反米感情を沈静化し、建設的な日米関係を再構築しようとしていた。知日派の学者ライシャワーの大使起用やワシントンハイツの全面返還も、ケネディ政権の外交戦略の一環だったのである。

訪米してケネディに会っていた池田首相も、アメリカからのサインに気づき、ワシントンハイツ全面返還案受け入れへと決断した。

プールを中心とした屋内総合運動場は、岸田日出刀の希望どおり、代々木に建設と正式に決まり、丹下健三も設計を始められることになった。なんと選手村まで代々木でという、おまけまでついて。

もっとも、選手村などは岸田の関心範囲外だったかもしれない。

《岸田さんは建築のこと以外、というかプールを丹下さんにやらせること以外、あんまり興味がなかったみたいだね》（宮内嘉久との対談）

愛弟子、丹下健三に代々木屋内総合競技場設計のチャンスをあたえることで、岸田のオリンピックにおける役割は終わった。そのほかのオリンピックの施設計画を差配したのは岸田ではなく、副委員長高山英華だった。選手村の設計に、早稲田の池原義郎《いけはらよしろう》、菊竹清訓や東京工業大学の清家清《せいけきよし》らを起用して、東大出身者による専有を防いだのも、英華である。

昭和三十年代から四十年代にかけて、高山英華はさまざまな国家的プロジェクトに携わったが、回想録で最も機嫌よくしゃべり、分量も多いのは東京オリンピックである。それは四十代という壮年期にあって、果敢に決断し、敷地を求めて泥くさく歩き回る若さを持っていたからでもあろう。
《それで、今度はオリンピックになるんだ。これはやっぱりちょっと、そういうグランドデザインの始まりっていうこととしては、いちばんぼくの位置づけとしては重たい。ここで相当なことをやったってことですね》（宮内嘉久との対談）
都市計画をグランドデザインと定義していた英華にとって、オリンピックは重要な出発点であるとともに、最高の作品であった。
なかで、英華は朝霞から代々木返還への転換についても触れている。
《東京都の山田（正男）君やなんかは、朝霞に選手の宿舎をつくって、そこへ泊めて、環状七号をつくって、あすこに来いと、そういう案をつくったんだ》（前掲書）
それが急に朝霞からワシントンハイツに代わってしまったのだから、東京都側の戸惑いと怒りは、山田本人のものでもあった。逆に高山はワシントンハイツ返還受け入れ派だった。
《ぼくはそれに反対して、外務省に行って脅かして、「（中略）これは国際問題になる」っていったら、外務省はびっくりしちゃってさ。「どうしましょ」って。どうしましょ、たって、外務省じゃ何もできないんだからさ》（前掲書）
彼は大局的判断力から、オリンピックのためには選手村を朝霞より代々木にするほうがよく、アメリカ側の真意も読み取って断れば「国際問題になる」と判断したのだろう。
だが、東京都は経緯にこだわって、なお朝霞案に固執する。特に道路計画に執念を燃やす山田正男をどう押さえ込むかが問題だ。

「ここは一芝居打たないと」

「外務省が頼りにならないのなら、マスコミしかありませんな」

事務局長の田畑政治がうなずく。田畑はもともと朝日新聞の記者出身だ。

二人は高名な論説委員の笠信太郎《りゅうしんたろう》を、朝日の有楽町本社に近い、新橋の飲み屋に誘った。

《田畑さんとぼくが行って、要するに、遠くから選手がやってきてワシントンハイツにアメリカの子供が遊んでいるということじゃ、国際的にたいへんですよ、この際それを入れかえたらどうだ、と言ったら、笠信太郎は、それじゃやりましょう、と。それから朝日がキャンペーンをしたわけだ》（磯崎新との対談）

この朝日新聞の二度にわたる論説が、ワシントンハイツ案への世論の変化を決めることになったのは前述のとおりである。

もっとも朝霞から代々木に移るだけでは東京都の面目は丸潰れだし、山田正男が念願とする環状七号線も宙に浮いてしまう。そこで英華はいいことを思いついた。

――朝霞は米軍から一部を貸してもらって射撃の競技とする。またボート競技も近くの戸田で開催する。

そうすれば環状七号線をはじめ、道路事業を行うという理由づけは残るわけだ。

（もともと道路はつくらなきゃいけない。これを実現しようとする山田君の気持ちは尊重してあ

げないと）

落とし所を大事にする英華のもくろみは当たった。何度か都とオリンピック組織委員会、国との打ち合わせが行われた結果、選手村騒動はワシントンハイツ全面返還の米軍提案をのむことで決着がついたからである。

その条件として都が国に対して出した、環状七号線の道路整備事業を既定方針どおりつづけるという要望も受け入れられた。

首都整備局長山田正男は、生涯を通じて、東京オリンピックを機に、自らが実現した首都高や環状七号線建設の成果を誇りつづけた。その回想に、選手村をワシントンハイツに変更したことへの恨みはない。道路ができたのだから、問題はないということなのであろう。

だが、同時に山田は東京オリンピック時代の回想において、高山英華の名を一度も口にしていない。都市計画とは道路の完成にほかならず、すべては自分の功績というわけである。

代々木問題の解決に明け暮れながら、高山英華は実はもう一つの主会場の計画に情熱を燃やしていた。

《もともと、ぼくは駒沢にはむしろ代々木よりも熱意をもっていたわけですよ》（磯崎新との対談）

駒沢オリンピック公園である。

第十六回オリンピック開催地に立候補したときから、主要な会場の一つを世田谷区の駒沢に置くことは計画に入っていた。だから、昭和三十四年六月のＩＯＣ総会で東京が勝ったとき、代々木のような紆余曲折《うよきょくせつ》と対照的に、駒沢の会場は既に確定していたのである。

実は駒沢は昭和十五年に開催予定だった戦前の東京オリンピックにも水泳場、選手村などが予定されていた。

オリンピックが中止になってから、戦時中は東京都が買い上げて防空緑地、終戦直後は食糧増産のための農耕地として貸付けなどがされていたが、昭和二十年代後半になると、軟式野球場、バレーボールコート、弓道場などがつくられた。この地を総合運動場とする構想ができたが、バレーボール場のメインスタンドを除けば、すべて土のまま、フィールドは赤土であった。

そのほか、プロ野球チームがフランチャイズとする硬式野球場がある。

（だが、周囲は郊外住宅地だ。オリンピックのあとは公園にしたいな。それもさまざまなスポーツができる公園に）

代々木はワシントンハイツの返却が決まったばかりで、オリンピック後の使い方は未定のままだ。だが、駒沢は総合運動公園にしようという将来計画がもともとあるだけに、あたふたと建築設計を始めたくはない。

（オリンピックよりも、そのあとの総合運動公園の計画をまずつくろう）

英華はマスタープランに取り組みはじめた。あまり細部の設計まで決定せず、公園内の各種の主要建築や造園の設計は、今後その創意の発揮される余地を残しておく。そして大筋のコンセプトだけを定めようと思ったのである。

(まず造園家を呼ぶ必要があるな)

　英華は駒沢公園全体を森のようにしたいと思っている。その森のなかに、さまざまなスポーツ施設が点在し、公園中を巡る散歩道があるといったイメージだ。ゴルフ場時代から残っていた高木を切らずに残せとも指示した。

　造園の専門家として、仲のよい東大農学部の横山光雄《よこやまみつお》教授も引っ張ってくる。

「横山先生、ぼくはこの公園を森のようにしたい。でも、見上げれば青空がどこまでも広がっているようにもしたいんです」

「高山先生のおっしゃることは、いつも矛盾していて難しいですねえ」

　横山は苦笑いしたが、長年の付き合いから、大きな子供に似た英華の人となりはよく分かっている。

「高山さん、あなたはこの公園を原っぱにしたいわけでしょう。子供のころに遊んだような」

　横山は英華が代々木、大久保、阿佐谷と東京の郊外で少年時代を過ごしたことを知っている。そうした郊外には、必ず原っぱという空き地があり、子供たちは暗くなるまで、遊びまわった。それがスポーツマン高山英華の原点だったのだ。

　そんな原っぱには木登りのできる高木があり、林や森があり、でも見上げると見渡す限り大きく青い空が広がっていた。

緑と空。取り澄ました日比谷公園のように、大人たちの働くビジネス街にあるのではなく、郊外にあって、子供たちが冒険し、発見し、楽しむ公園。運動の苦手な子でも、ひとたび足を踏み入れれば運動したくなり、知らず知らずスポーツに加わってしまうような公園。そんな公園をつくりたいという点で、高山と横山の意見は一致した。

昭和三十六年二月、第十五回オリンピック組織委員会で、駒沢公園を会場とする競技種目は、バレーボール、サッカー、ホッケー、レスリングの四種目と決まった。

英華が若いころからやっているサッカーが、駒沢で行われることになったのである。もともと神宮外苑や代々木より、個人的に力を入れていたのが、さらにモチベーションは高まった。

このころ、高山研究室にいた村上處直は日本サッカー協会の役員たちが高山研究室をよく訪れてくるのを目にするようになったと証言している。広島大学附属高校時代、サッカー部員だった村上はそうしたお偉方の顔を見知っていた。

「おや、村上じゃないか、こんなところで何をしてる」

高校時代の先輩だった長沼健《ながぬまけん》から、そう声をかけられたこともあった。長沼は当時の日本チーム監督である。

主会場である駒沢では、アジア大会の小石川サッカー場のような轍《てつ》を踏まないよう、サッカー協会も英華も決意していたのだろう。

駒沢で英華が腕を振るえた理由の一つは、つくられる主な建築が複数で、競技場（サッカー場）

が村田政真《むらたまさちか》、体育館（レスリング場）は芦原義信、屋内球技場（バレーボール）とホッケー場は東京都の施設建築事務所と、設計者が分かれていたことにあった。敷地全体が広いこと、体育施設の設計には特定のノウハウが必要なことなどから決められた措置だったが、実際にはこのことが駒沢によい結果をもたらすことになる。

体育館の設計を行った芦原義信は東大建築学科を卒業し、ハーバード大学大学院で学んで帰国、当時は法政大学建築学科の教授になったばかり、のちに銀座のソニービルや、池袋の東京芸術劇場を設計した。丹下健三が屋内競技場を任せられたことから、つりあい上決められたのだが、温厚な性格で英華と仲がよい。のちに『街並みの美学』を書いて、建築には外部空間との調和が必要だと説き、サントリー学芸賞を受ける。

若いころに『外国に於ける住宅敷地割類例集』を編纂したときから、英華は配置計画だけは都市計画つまり自分の作業範囲だと認識している。そこで造園は横山光雄、建築は芦原義信と村田政真、土木は八十島義之助《やそしまよしのすけ》と協力しあいながら、プロデュースを行った。

絵を描ける人間も必要だ。そこで高山研究室の大学院生、加藤隆《かとうたかし》に手伝わせた。ボート部のスポーツマンで、成蹊高校の後輩でもある。

（しかし、このメンバーではまじめな人間ぞろいだ。誰か一人、アイデアマンが必要だな）

英華はある人物を思い出した。

秀島乾である。

《日本で駒沢は初めっからぼくがマスタープランをつくって、秀島(乾)君と一緒にやった。彼は日本でいちばん初めてのプランナーなんだよ。満州から帰ってきてね。早稲田出身で武(基雄)君や丹下君と同期だ》(宮内嘉久との対談)

早稲田大学建築学科を卒業するや、都市計画に青春を賭けて満州に渡った秀島は、敗戦後、石川栄耀が都市計画局長をしていた東京都から都市計画を委託され、民間の都市計画コンサルタントになっていた。高速道路の下にショッピングセンターを設ける銀座数寄屋橋スカイウェイは、彼のアイデアである。しかし、都の都市計画が山田に牛耳られてのちは仕事もこなくなり、早大・日大の講師をしながら、無聊《ぶりょう》を囲っていた。

(秀島君ならアイデアがあり余っているだろう)

確かに、英華、造園の横山、交通の八十島、建築の芦原というメンバーでは、東大出ばかりで、面白みに欠ける。英華の目論見は当った。

駒沢公園の敷地上の最大の問題点は、正面をどこに置くかであった。

四十ヘクタール以上という広さに比べ、東側を通る補助一二七号線(自由通り)、あるいは西側を通る補助一五四号線(駒沢公園通り)はそれぞれに公園に接する長さが短い。とすると、補助四九号線(駒沢通り)ということになるが、東西に湾曲して公園敷地を二分した格好になっている。これでは公園の一体性もくずれてしまうし、造成工事にも邪魔だ。

「うーん、どうすればいいかな」

　英華が頭を掻く。皆の意見を引き出すために、なかばわざと困った顔をしたのだが、そうするとまじめな横山も八十島も芦原も、同じように当惑した表情をしてしまう。そのへんのところ、東大の人たちは皆まじめなのだ。

「この補助四九号線は幅十五メートルで、どうにも中途半端だなあ」

「そんなの幅を広くして、大きな道路にしちまうのはどうです」

　突然、大きな声がした。皆が見ると、秀島乾である。いつもどおり、蝶ネクタイを締めているが酒臭い。きっと昨晩遅くまで飲んでいて、二日酔いなのだろう。

　秀島は石川栄耀がいたころの東京都に、突拍子もないアイデアを出しつづけてきた。その多くは没になったが、それと比べれば、駒沢などなにほどのこともない。

「補助四九号線を直線にし、幅員も歩道・植樹帯含め、三十二メートルに広げる。石川栄耀さんの言っていた美観道路を再現するんです。そしてなかほど百メートルはさらに幅を広げてバストップにすれば、公園の入り口になります」

「でも、それだと二分される敷地を行き来するのが大変ですね」

　八十島の質問に、秀島は哄笑した。傲慢そうに見えてしまうのが、秀島の悪い癖だが、温厚な八十島は人間ができている。

「大丈夫ですよ、八十島先生。安心してください」

「というと」

「バスストップ部分は、敷地地盤より道路を五メートルばかり低くして、両側に堀割状に二本の連絡橋を設ける。そうすれば分断された敷地は安全に移動できます」

手にした鉛筆で絵を描きながら、秀島はほかのメンバーたちに説明した。

「なるほど、そうすれば景観構成もうまくいきますね」

芦原の声が興奮している。彼はアメリカのハーバード大学で建築を学んだが、そのときランドスケープなど、外部空間のデザインにも興味を持った。秀島の提案がすばらしいものだと感じ取ったのであろう。

「バスに乗ってくると、貫通道路を通ってオープンカットの道路に入るので、視野は次第に狭くなり、やがて完全に閉じられる。しかし、これはバスを降りて、施設を見ることができるという期待感を高めるはずです。二階の中央広場に塔のようなシンボルを置けば、石畳の階段を上るにつれ、目に入ってくるような演出効果を出せますよ」

そう言いながら、秀島の視線は芦原に注がれる。その塔をデザインするのはあなたですよ、という意味だ。

「中心広場の床を舗装してみたらどうでしょう」

突然、大学院生の加藤が口を挟んだ。階段を上っていくと、右側がサッカー場、左側が体育館になる。もとは二つの建築の周囲は緑で囲み、床も土にする予定だったところである。

だが、秀島の考えを聞き、バスストップから広い階段を上っていくシーンを想像すると、広場の床はむしろコンクリート舗装でなくてはならないと加藤は思ったようだ。

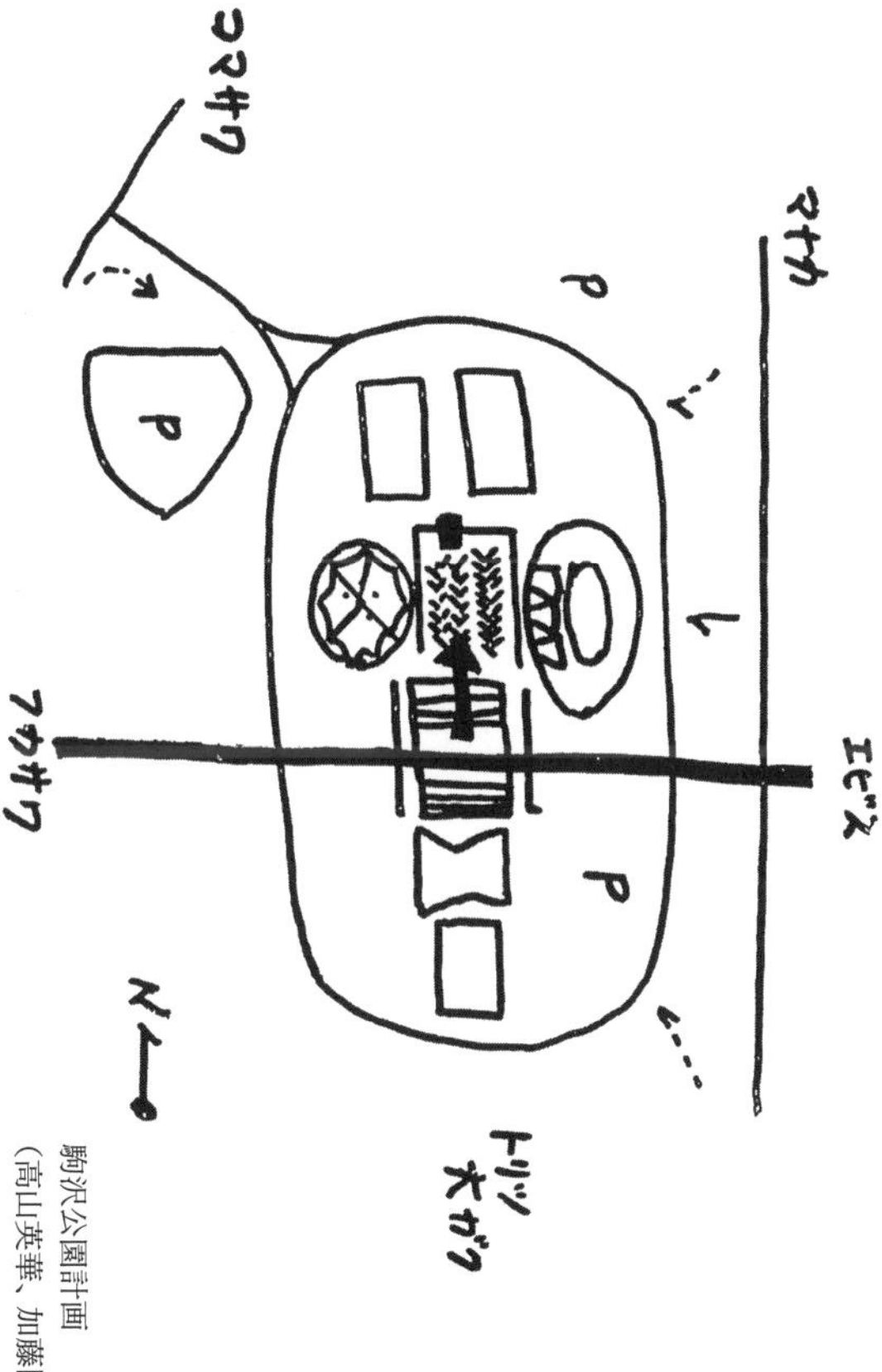

駒沢公園計画
（高山英華、加藤隆のスケッチ）

「ここは、多くの人が一堂に会する、西洋都市にある広場みたいなものなのではないでしょうか」

若い加藤の顔が赤みを帯びている。まだ学生だということもあって、ドラフトマンの役割に徹し、発言は差し控えてきたが、秀島のアイデアに触発されたようである。

「うーん、ペーブか」

英華がうなる。床を灰色に彩ってしまうと、無機的な印象になってしまう。太陽光線の照り返しもあるだろう。

「公園部分との一体感はどうですか、横山先生」

「逆にいいかもしれませんよ」

横山が微笑しながら発言した。

「舗装床でも、花壇や植え込みをつくって草や花でいっぱいにし、池、噴水なども設ける。そうすれば、雨の日など、競技場に集まった多くの人は泥だらけにならずに済むでしょう。ここは加藤君のような若いセンスも必要です」

「よし、とりあえずやってみるか。でも、あとで変えるかもしれんぞ」

英華がまとめた。加藤は自分の頬が熱くほてっているのを感じる。思わず口にした案が、居並ぶ先生たちに採用されたのだ。このときの感激を彼は生涯忘れることはないだろう。

そんな加藤の思いはどこへやら、秀島の関心は別のほうに移ったらしく、鉛筆は既に公園全体を描き始めている。

「この建築部分の中央広場と、駒沢公園全体の動線を合わせて、一体化します」

秀島の口調は、東大教授が居並ぶなか、虚勢を張っているようにも見える。満州浪人のようなこの態度が、東京都の山田正男に気に入られなかった原因だろう。

秀島によると、駒沢公園の動線計画として考えられるのは、主園路を円周型にして、諸施設を内部に取り込むサーキュレーション型と、主園路を縦貫させてその両側に諸施設を配置するブランチ型の二案に分かれる。中央広場の床を舗装にしたおかげで、サッカー場、体育館によって構成されるゾーンは、バスストップから階段を経て中央広場にいたるブランチ型をとっている。しかし、同時に道路で二分された敷地を連絡橋で結び、それをサッカー場や体育館の背後につなげて、公園全体はサーキュレーション型をとるのがいい。そうすれば、さっきから言っていた駒沢公園全体の一体化が図られるはずだ。

「わたしは造園には門外漢ですが」

いままで黙っていた八十島助教授が口を開いた。そんなことはない、専門は交通土木だが、学殖は幅広く、横山が年上なので遠慮していただけである。

「欧米の公園などに行ってみると、子供たちが遊んでいる彫刻が置いてある。なかなか立派で、名のある人の作品のようにも見えるが、子供たちはそんなことに関係なく、上ったりして楽しそうに遊んでいる。ああしたものを駒沢にも置いたらどうでしょうか」

「プレースカルプチャーですね」

横山が言った。それが遊具彫刻を指す言葉らしい。

「ぜひ置きましょう。ブタの彫刻を置いてブタ広場とか、ゾウを置いてゾウ広場とか、名前もつけてね。そうしたら子供たちは自然に体を動かし、運動が好きになっていく」

最近の子供は勉強が大変だからか、体を動かすことが少ない。自分たちが原っぱで飛び回り、小川で魚をとったりしたように、この公園全体を大きな原っぱにして、皆が運動したくなるようにするのだ。

「人間だけじゃない、犬だって元気に飛び跳ねることができるようにしたらいいじゃないですか」

横山が言った。

「わたしはイギリスに滞在していたことがあるが、あちらの犬は訓練が行き届いていて、他人に吠えかかることもなく、おとなしくしている。しつけが厳しいのだろうと、ちょっぴり犬に同情していたら、ある日、近くの公園に行ったときのことです」

なんといつもはおとなしくしている犬が狂気乱舞して走り回っていた。公園が人間だけでなく、犬も楽しめる空間になっているのだ。

（そういえば、おれは戌年《いぬどし》だったな……）

英華がそう思って、冗談を飛ばそうとする。が、その間もなく、横山は話題を変えた。

駒沢オリンピック公園配置図

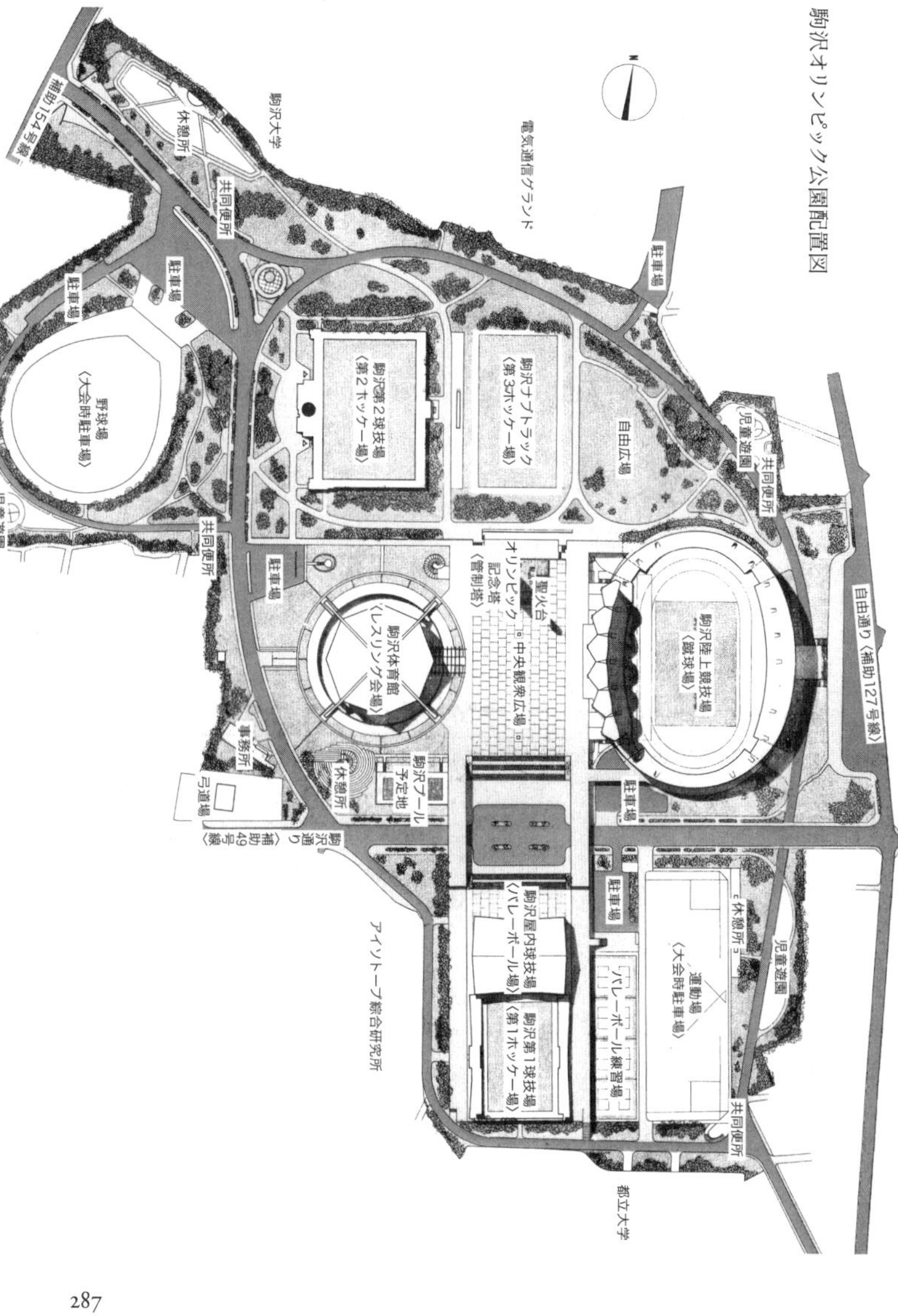

「公園では、木々の間に施設が見えるという演出にしたいですね。つまり、ループ状の園路から、中に取り込まれた競技施設は樹間を通して、ときには重なり、ときには離れて、いろいろな角度から望めるようにするんです。そして植栽に意を注ぎ、全域に高木を平均的に植えるのではなく、部分的に密度を高くして、緑を強く印象づける。そうすれば、さっき加藤君から提案のあった中央広場の舗装床も、逆に緑を際立たせるためのアクセントになるでしょう」

芦原はもう脇で塔のスケッチを描きはじめている。日本の五重塔のようなデザインにしたいらしい。さっきまで描いていた秀島の乱暴なスケッチと比べると、芦原の筆致は端正で丁寧だ。そんな作業をしながら、芦原のなかで中央広場のシンボルとして、管制塔をデザインする意志が固まっていく。同僚の丹下健三と比べると、アクに欠けるが、そこに芦原のよさがある。

塔の設計は芦原で、役所への説明や予算取りなどは高山英華の担当となった。

《タワーがあるでしょ。あれだって、予算ないんだけど、芦原君がモニュメントがないとだめだと言うんで水槽だよね。水槽にして、マラソンの放送の中継所にするとか言ってごまかして……それでやったんだよ》(宮内嘉久との対談)

結局マラソン自体のルートが青梅街道に変わったので、英華の嘘はばれずに済んだ。しかし、芦原のデザインした管制塔は、法隆寺の夢殿をかたどった体育館と対照的に、五重塔を模し、中央広場に印象的な効果をもたらした。

のちの英華が回想で一番機嫌よく語っているのが東京オリンピックだと筆者は書いたが、なかでも駒沢に対しては溌剌《はつらつ》としている。「駒沢がいちばんぼくとしてはグランドデザインそのもの」（前掲書）というように言っている「グランドデザイン」とは、英華の考えた都市計画自体だったのだろう。

「先生はなぜ、建築を設計しないんですか」

駒沢公園の打ち合わせの帰り、加藤は飲み屋でそう英華にたずねた。加藤本人は将来スポーツ施設専門の建築家になりたいと思っている。対して英華はいつもポンチ絵しか描かない。しかし、スケッチなどは必ずしも下手とは思えなかったからである。

「内田先生に言われたからさ」

コップ酒をあおりながら師はいった。そういった質問は冗談でよくはぐらかすのに、珍しくまじめな調子だった。

「内田研究室に入って、都市計画をやりはじめたころ、俺は先生にこう言われた。『高山君、都市計画をやろうとするなら、建築に色気を持っちゃだめだよ』って」

そのとき加藤はまだ若かったので、英華の言葉を深くは考えなかった。

だが、のちに大学で都市計画を教え、実際のプロジェクトに携わってみて、高山の気持ち、そしてグランドデザインの大切さがよく分かった。都市計画のようなスケールの大きなことをやっていると、なかに建築も入ってくる。ときには建築を支配したかのように錯覚し、一度くらいは自分が設計した建物を実現したいという誘惑にもとらわれる。しかし、自分が建築をやってしまうと、全体が建築のための計画になってしまう。

——なんだ、このプランは。

かつて内田が、安田講堂の図面を自ら描いたときに、師の佐野利器はそう怒鳴ったという。帝大本郷キャンパスの計画をやっていて、ふと自分でも一つくらい建築を設計してみようと思いついたときのことだった。だが、佐野の叱責で明らかに自分の設計が下手だと悟った内田は、安田講堂の設計を、すぐさま若い岸田日出刀に任せたのだった。

そうした俺の過ちを繰り返すな、と師は英華に教え諭したのであろう。実際、建築出身の都市プランナーは、この誘惑にかられやすい。が、高山は生涯師の教えを忠実に守りつづけた。

駒沢公園はサッカー場が含まれていた点で、英華に強い意欲を持たせる仕事だったし、配置計画を練りながら、建築設計に手を染めたいと思ったこともあったろう。しかし、彼は建築、造園、土木といったさまざまな分野のまとめ役、グランドデザイナーとしての役割に徹することを自らに課しつづけた。そして、それが結果として、都市計画の新しい面を切り開いたのである。

《僕は土木と建築と造園を総合化した都市計画を担当した。その当時都市計画というと、道路は道路だけ、公園は公園だけというようにそれぞれがばらばらにやっていました。これではほんとうの意味での都市計画はできないというのが僕の持論でしたから、駒沢公園においては土木・建築・造園が一緒になってやろうとじゃないかともちかけたわけです》(『追想』)

山田正男のような土木中心でも、丹下健三の「東京計画一九六〇」のように建築イメージで描かれたものでもない、総合的な計画とプロデュース。都市計画とは複合分野にかかわる学際的なものだという認識はあったが、高山はそれをはじめて実践したのである。

《計画する人々も、これを利用する人々も個々の施設を孤立的に考えないで、地区全体としてその善悪美醜を感得するようになれば、日本の都市ももっとよくなるであろう。批評に携わる人々もこのような着眼で価値判断を行っていただきたい》（前掲書）

駒沢で英華が追求したものは、丹下健三の担当した代々木国立屋内競技場と比較すれば分かりやすい。

代々木では、都道四一三号線により、公園部分と屋内競技場は分断されてしまっている。公園は公園、競技場の建築は競技場と、はっきり区分されており、競技場周辺には緑も少なく、まるでそれらを拒否しているかに見える。道路で分断された敷地をつなぐためには歩道橋があるのみだ。

実際、選手村として使われた公園部分は丹下とは別に設計コンペが行われ、造園家の池原謙一郎によって設計された。建築と公園につながりが見いだせないのは、このためである。

代々木国立屋内競技場が建築としてすぐれた作品であることは言うまでもない。丹下のすべての作品のなかでも、ダイナミックな造形、躍動感と比例美の点で最高の傑作であろう。しかし、建築がすばらしければすばらしいほど、せせこましい敷地に無理やり詰め込んだという印象が残る。

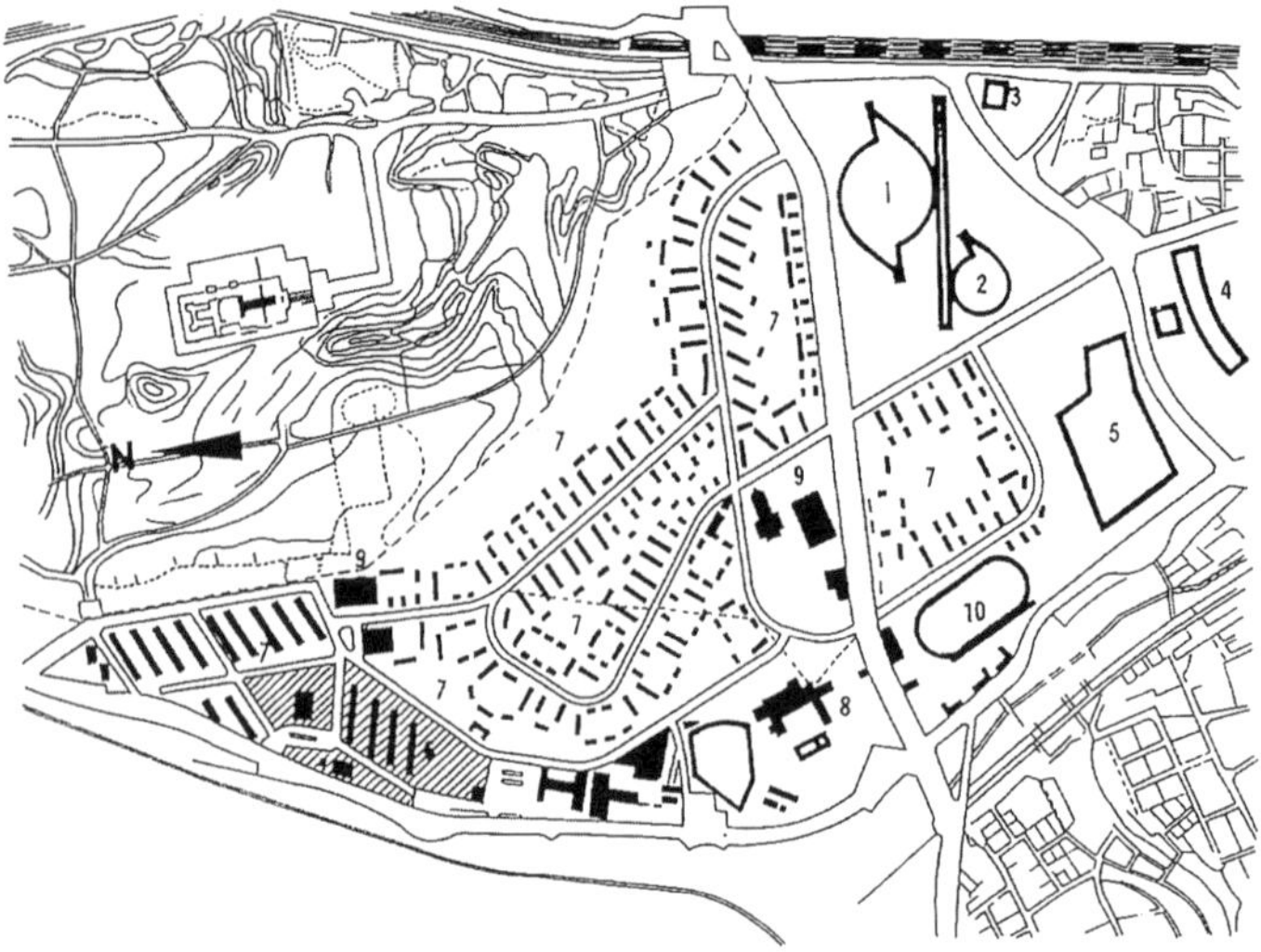

代々木スポーツセンターおよび代々木選手村

1　国立屋内総合競技場
2　付属体育館
3　オリンピック記念体育館
4　渋谷公会堂
5　NHK放送センター
6　女子選手宿舎
7　男子選手宿舎
8　クラブハウス
9　選手食堂
10　練習用トラックおよびフィールド

丹下のために弁護すれば、これはワシントンハイツ敷地の一部を、NHKが放送センターとして取得したため、当初屋内競技場敷地として考えられていた面積が半減してしまっていることもあるだろう。

一九六四（昭和三九）年十月十日から二十四日まで開催された東京オリンピックで、日本中を沸かせた種目の一つは女子バレーボールの金メダル獲得であった。駒沢会場での出来事である。しかし、ここでは、もう一つ地味だが、別の球技で、日本チームが勝利した事実をあげておきたい。

日本サッカーチームが予選で優勝候補のアルゼンチンを破り、ベスト8に勝ち進んだのである。その二年前、アジア大会で一勝もできないままの惨敗だっただけに、この「東京の奇跡」はかつてのベルリン・オリンピック時のように、日本サッカー界を沸き返らせた。

決勝点を上げた川淵三郎《かわぶちさぶろう》（現・日本サッカー協会名誉会長）は、駒沢での勝利を「日本サッカーの原点」と呼び、四年後のメキシコ・オリンピックにおける銅メダル獲得へとつながるものであったと述べている。

ベルリン・オリンピックに盲腸で行けなかっただけに、そして新たな奇跡が自らのグランドデザインした駒沢の地であっただけに、高山英華にも感慨深いものがあっただろう。

それが彼の回想で、東京オリンピックを、そしてことさら駒沢での思い出を最も上機嫌に語らせている理由かもしれない。

《駒沢公園はまさに土木と建築と造園が力をあわせてやればいいものができるというひとつのモデルケースになったのです。僕にとっては都市計画を考える上での理想をはじめて実現化した思い出深いプランです》（前掲書）

そう、まさにそれは英華の最高の都市計画だったのである。

8　都市工学科

高山英華が駒沢公園の仕事に飛び回り、丹下健三が代々木屋内競技場の設計に勤しんでいた一九六二（昭和三七）年四月、東京大学工学部に新しい学科が設立された。都市工学科である。

高度成長時代は大学では工学部の時代だった。池田内閣の所得倍増政策とともにもたらされた空前の好景気は大学卒業者の需要増大となって現れ、学科増設、定員倍増などの措置がとられた。拡大は特に工学部において目覚ましく、日本最高の高等教育機関である東京大学も例外ではなかった。

一九五〇年代に十学科、定員千四百人だった東大工学部は、十年後の六〇年代後半には二十学科、定員二千人にまで膨れ上がっている。機械工学系の一学科が三学科に分かれたのをはじめ、電気工学や応用物理などの学科でも軒並み、新設の学科が設けられた。

東京大学では、新学科設立が同時に、新講座の増設という意味を持っている。何を研究し、教育するかが、講座で厳しくすみ分けされる戦前以来のシステムが残っているからだ。そこでは講座ごとに、きちんと学問分野が分担され、教授が定年を迎えると、その門下生が教授に昇格し、別の学問領域はもちろん、よその研究室出身の人間が教授になることも少ない。

講座では、研究費の予算も、そして教授一名、助教授一名、助手二名という人事も、その枠で決められる。講座を持てない研究者は、無任所の助教授どまりで、教授には昇格できない。

都市計画講座のなかった戦前において、高山英華は長くフリーの助教授にとどまっていたし、第二工学部ができなければ、そのままだったろう。丹下健三も、建築家として世界的名声を持ちながら、一九五〇年代の都市計画講座には三歳年上の高山がいたため、教授になるあてがなかった。

講座制では、テーマを順繰りに引き継ぐことができる反面、新しい社会ニーズに対応した研究・教育ができないといった弊害がある。

それが新しい学科をつくれば、講座も新設できるのだ。

「東大の将来を見据えた、何か新しい案はありませんか、高山先生」

茅誠司総長が日ごろから付き合いの深い英華に、そう言ったのは東京オリンピックの施設計画に忙しい一九六〇年ごろだった。

「総長直属の全学部共通にして、都市研究所をつくったら、どうでしょう」

「何ですか、その研究所というのは」

「戦前から、内田祥三先生や地理の木内信蔵先生、歴史学の今井登志喜先生など、文科系・理科系が合同して都市の研究会をつくっていました。東京帝国大学は総合大学といっても、各学部が集まるのは、明治神宮の六大学野球応援と、三四郎池前の山上御殿で先生たちが飯を食うときぐらいです。都市問題を解決するには建築や土木だけでなく、インターディシプリナリーな（学際的）アプローチが必要だということで始めたんです」

太平洋戦争激化のため、研究会は都市学会設立だけで終わったが、戦後十年以上が経ち、東京、大阪、名古屋など三大都市圏への集中は甚だしいものがある。今こそ内田たちが行っていた研究会を全学的な研究所として実現できないだろうか。

「それは面白いですね」

茅は物理学者だが、専門分野に閉じこもった人間ではなく、社会に対しても見識を持っている。英華の言わんとすることはよく理解できた。

「教育はどうしますか」

「大学院レベルがいいのでは。欧米の都市計画学科なんかの多くがそうです。研究所には、文科系からも理科系からも、いろいろな専門の先生や学生たちが集まってくる。そして東京の問題を解決するにはどうすべきか、教師も学生も一緒になって総合的に学びあえばいい」

「なるほど」

茅は学者と同時に実務家である。英華の話を聞いていて、都市問題の解決には、確かに学際的アプローチが必要であろうと思った。しかし、実際に文部省の許可を得るには、研究所よりも、工学部に学科を新設するほうが通りやすいだろう。何しろいまやエンジニアを一人でも多く、そして一日でも早く、社会に送り込もうという追い風が吹いているのだ。

そうした意味から、学科のほうがいい、それも大学院だけではなく、工学部の四年制から、と茅は現実的意見を言った。

「建築だけではなく、土木の意見もきいてみたらどうですか。八十島先生あたりに」

「ああ、なるほど。八十《やそ》さんなら理解してくれるかもしれませんな」

土木工学科教授の八十島義之助は、いまも駒沢オリンピック公園で一緒に仕事をしている仲だ。人格者だし、スポーツマンで英華と気が合う。

やはり駒沢の仕事で一緒の、横山光雄など農学部の先生たちにも声をかけることとし、新設学科の検討が始まったのである。

——八十島先生が怒ったところを見たことがない。

というのが、東大での同僚、学生たちに共通した評である。確かに八十島義之助は誠実で温厚なジェントルマンであった。

一九一九(大正八)年の生まれというから、高山よりは九歳若い。祖父は宇和島藩家老で、明治になってから上京し、渋沢栄一の下で働いた。父・長兄も渋沢財閥の会社に勤めている。

三人兄弟の末っ子で、父は義之助の誕生後半年で、亡くなったというのは、英華と似た境遇だ。

しかし、父の死後も神奈川県大磯に別荘を持ちつづけ、幼稚園を東京女子高等師範付属、小学校は慶應義塾幼稚舎、旧制の中・高は一貫教育の府立東京高等学校という履歴からみると、経済的境遇は英華よりもよい。いわゆる山の手中産階級のお坊ちゃんだったのであろう

東京帝国大学土木工学科を卒業後、国鉄に行こうとしたが、恩師最上武雄《もがみたけお》らの勧めにより、常勤講師として大学に残った。その後出征し、終戦後は大学に戻って助教授となり、三十五歳で教授に就任——まさに順調な道を歩んだエリート教官である。

土木と建築はお互い分野が重なるがゆえに、対立することも多い。しかし、学生時代アイスホッケー部だった八十島は、ア式蹴球部出身の英華と仲がよかった。

門下生の篠原修《しのはらおさむ》によれば、八十島の長所は「調整能力、バランス感覚のよさ」であり、次いで「相手の言いたいことを即座に分かる理解力」にあったという（『ピカソを超える者は』）。こう書くと、英華と似ているようだが、性格は「高山の動、八十島の静」と対照的であった。これは、都市計画という新しい分野に挑戦し、ときに腕力を振るわなければならなかったやんちゃ坊主の英華と、土木という既成の大分野の指導者として、感情をあらわすことを自らに戒めていたエリート八十島との違いでもあろう。

八十島の専門は鉄道土木だったが、研究室からは中村英夫《なかむらひでお》、森地茂《もりちしげる》ら交通の後継者だけでなく、鈴木忠義《すずきただよし》や篠原修ら、観光や景観といった従来の土木にはない新しい分野を切り開く人材が育った。

その八十島に、英華は都市計画の学科を新しくつくる話をもっていったのである。

「欧米の都市計画学科はプランニング、デザイン、交通、ランドスケープ（景観、造園）らの教授陣と教科を備え、都市問題を解決しようとしています。土木、建築、造園が一緒にならなければ、都市計画はできない。そこでぼくは土木学科と建築学科が力をあわせ、農学部にも加わってもらって、新しい学科をつくりたいと考えているのですが、どうでしょう」

「そうですね」

八十島は英華の話を聞き、窓に目をやって、外の風景に目をこらした。考え込むときによくやる癖である。

「分かりました。土木は——というか、わたしは基本的に了解したと思ってください」

「かまいませんか」

「かまいません」

八十島は安請合いをしない男だ。口調に重みがある。

彼は軌条敷設《きじょうふせつ》やトンネル建設といったハードウェア中心の「鉄道工学」を、新線の基本計画、乗客数の予測などソフトウェアを含んだ「交通工学」に拡大しようと考えていた。さらには、鉄道だけでなく、道路計画や混雑率予測などを含めた分野も、このなかに含めたいと思っている。欧米では、交通工学が発達し、都市計画において重要な地位を占めはじめていたが、八十島はこの新しい分野を日本でも開拓したいと考えていたのであろう。

そのために、土質、コンクリートや水理、橋梁といった旧来の講座が支配している土木工学科よりも、新設の都市計画学科に魅力を覚えた。発案者の英華が土木でなく、建築出身だといっても、八十島はそうしたことにこだわる小人物ではない。

交通工学を開拓することにより、八十島はのちに高山英華と並ぶ都市計画の権威として、国土審議会会長をはじめ、各種政府委員を務めることになる。

「よし、次は農学部だ」

八十島の賛同に力を得た英華は、意気揚々と農学部に出かけていった。いま駒沢公園を一緒にやっている横山光雄が造園の親分になっている。英華は八十島に対したときと同じように、都市計画の新しい学科をつくり上げる必要性を説いた。

が、これは失敗した。

《横山さんに言ったけど。造園が当然来ると思ったら、向こうはやっぱり植物や花の研究のほうが大切だって言うんだ》（宮内嘉久との対談）

当時の建築や土木でも、都市計画は継子《ままこ》扱いだったが、農学部ではさらに傍流扱いであった。

「八十さん、農学部はダメでした」

「そうですか」

がっかりして戻ってきた英華を、八十島はにこにこと慰めた。

「土木出身で、庭園や景観に興味のある鈴木という妙な男がいます。いまは農学部で助手をしているが、わたしのところに呼び戻して、ランドスケープを担当させましょう。彼なら観光も教えられるし」

鈴木忠義は戦争中の事情で土木を志望したが、農学部林学科の加藤誠司教授にアドバイスを受けながら、観光に関する卒論を書いた。いまは林学科の演習林で研究員として働いているが、八十島は鈴木の可能性を見て、心にとめていたのである。

一九六〇(昭和三五)年、英華の指導のもと、川上秀光が手伝って、「都市計画学科趣意書」ができ上がった。

冒頭には次のように書かれている。

《最近住宅建設、工業開発、環境施設整備、商業地区再整備、交通問題、都市災害復興等あらゆる分野でプランニングの機能、役割が重要化しつつあることは周知の通りである。この分野に対して建築、土木、造園出身の人々および社会、行、財政出身の人々が寄与した貢献は計り知れないものがあり、今後もこれらの人々が都市計画に一層の努力をつづけていくことが必要なことは論を待たない》

いまだ「造園」が建築、土木と同等に書かれ、そのほか行財政、社会などへの言及があるのは、将来文科系も含む広い組織に発展する余地を残しての配慮と思われる。趣意書の文末に参考資料として、英米の大学都市計画学科の設立経緯が年表形式でまとめられているのは、川上による研究の成果だ。

都市計画学科の定員は四十名とし、八講座が提案されているが、その中心は都市計画原論、都市設計、都市交通計画の三講座――高山英華、丹下健三、八十島義之助の三研究室である。この三人は、オリンピックをはじめ、始まりつつある高度成長のなかで、売れっ子になっていた。

「趣意書」で、今後十年間の卒業生進路を推定していることが目を引く。

需要は、大学関係八十四名、中央官庁関係（建設省、運輸省、通産省、農林省、厚生省など）百十名、公社・公団関係（住宅公団、道路公団、国鉄など）九十五名、地方自治体（都道府県、市町村）八百八十三名、民間団体（私鉄、不動産開発業、設計・計画事務所など）九十名で、合計千二百六十二名。

つまり、年間百二十名あまりの就職先があって、定員四十名の学生たちには、三倍の需要がある勘定だ。特に、需要の三分の二が地方自治体と予測されているのが興味深い。

実際に都市工学科卒業生（博士・修士含む）の就職先を、昭和四十一年から六十三年までの二十二年間でみると、大学関係百三十名、中央官庁と公社・公団関係をあわせて二百二十名、民間六百名に対し、地方自治体に行ったのは百二十名ほどだった。後述するように新学科は衛生工学コースと合併するので、単純な比較はできないが、予想よりも民間企業就職が七倍多く、逆に地方自治体へ行った者は七分の一になっている。

民間企業が多いのは、この二十二年間に、田中角栄の列島改造論、中曽根民活といった二度の不動産ブームがあったことが大きいだろう。また、衛生工学コースとの合併により、環境や化学プラントなどの企業に就職した者も多かったと考えられる。

英華はしきりに学生たちに、

——自治体に行け。面白いぞ。

と言っていたようだが、当時の卒業生たちにとって、地方自治体はあまり魅力ある就職先ではなかったようである。

《本当は小さな自治体のほうが面白いんだよ。その市長と組んでやれば、さっきいった、小さな大名と同じで、一番面白いですよ。総合的にやれるわけだ。大きなところに行くと、すぐ○○課なんかになっちゃって細分化されてしまうからね》(『わたしの都市工学』)

後述するように、当時英華は新都市計画法の成立に委員として携わり、計画の権限を国から市町村に移すべく動いていた。実現すれば、どうしても自治体職員の能力アップが必要である。新設学科設立の大きな目的の一つとして、英華は都市計画を行える自治体職員の輩出を考えていたのであろう。

こうした卒業生の就職先に関する予測数も入った趣意書を手に、英華は丹下健三らと陳情のために「文部省の廊下を歩き回った」(前掲書)。丹下は自らの「東京計画一九六〇」のおかげで、学科新設はスムーズに認められたと書いているが、英華によると、実際にはそれほど生やさしいものではなかった。

《大学課などに参りますと、もう次官をやめられた方ですが、当時の課長さんが土木と建築というものがあるではないか、それなのになぜ都市というものをつくるのかということをいわれる。そこで、その人に「あなた、どこへ住んでいるんだ」といったら「吉祥寺に住んでいる」「吉祥寺の駅前を見ろ。あれではなかなか道路とか建築とか造園とか、そういうものができないんだ。そういうものを一緒にしないと町はうまくいかないんだ」といったら「そうかそれならやってみろ」といって、ようやく都市工学科というのができたわけです》（前掲書）

話に出てくる吉祥寺駅前開発とは、東京オリンピックで環状七号線を整備するにあたり、中央線が高架化された結果、連鎖的に発生したプロジェクトである。武蔵野市から再開発計画を依頼された英華は、研究室の石田頼房、伊藤滋らを担当者にあて、計画をつくらせた。石田が少年時代にここで新聞配達をした経験があり、伊藤滋は近くの井の頭線久我山駅近くに住んでいたからである。

その吉祥寺駅前開発計画を、英華は文部省の大学課長に、都市計画の必要性を説明するために用いた。東大教授が現場の課長に頭を下げて陳情というのも、いかにも英華らしい。

だが、新学科はすんなりとは、文部省で認められなかった。

その前年、土木学科から衛牛工学科の設立案が出ており、都市の環境衛生問題を取り扱う衛生工学科と、都市計画学科の構想とが重なることから、統合することが望ましいとされたのである。

普通なら、また建築と土木でもめるところだが、ちょうど工学部長が建築の武藤清、土木学科主任が八十島だったこともあり、都市計画学科の「都市」と、衛生工学科の「工学」をとって、翌一九六二年「都市工学科」としてまとまることになった。

《最近とくに国土の総合開発・都市の再配置・既成市街地の再開発・住宅の集団建設・都市不燃化・都市農村の防災および災害復旧・地盤対策さらに上下水道の整備および都市衛生対策・産業廃液ならびに原子力利用に伴う水質汚染の防止および広汎な分野で、建築学・土木工学・衛生工学などを統合した都市工学の役割が重要なものになってまいり、その専門家を要望する声が大きくなってまいりました》（「都市工学科設立趣意書」）

高山英華・八十島義之助の連名で書かれたこの「都市工学科」の趣意書は、一年前の「都市計画学科趣意書」と比べると、「造園学」が「衛生学」に変わっているだけでなく、総合性より建築と土木それぞれの一分野同士の統合という色彩が濃くなっている。当時の日本では、都市計画はあくまでもハードウェアとして理解され、またそうでなければ、新設学科も認められなかったということであろう。

都市工学科は以下の八つの講座を持つことになった。

都市計画第一講座（都市計画原論）
都市計画第二講座（都市設計）
都市計画第三講座（住宅地計画）
都市計画第四講座（都市防災計画）
都市計画第五講座（都市交通計画）
衛生工学第一講座（上水道および工業用水）
衛生工学第二講座（下水道および都市衛生）
衛生工学第三講座（産業廃液処理および公共水質管理）

講座数でいくと、都市開発が五、衛生工学が三だが、都市計画第五講座が交通だから、オリジンでは建築四、土木四である。

この第五講座に、八十島義之助が教授として参加予定だったことは既に述べた。だが、結局八十島は土木工学科から来ていない。代わりに交通計画講座を担ったのは当時建設省にいた井上孝《いのうえたかし》である。

なぜ、八十島が都市工学科に移らなかったのか。その理由は明らかでないが、土木工学科の先輩や同僚たちが引き止めたのであろう。

若くして、八十島は土木工学科のスター教官だった。しかも、その温厚な性格で、将来の土木工学科、さらには日本の土木学会を担うことが期待されていた。そうした事情を考えれば、八十島が抜けることは土木にとって大きな損失であると、師や先輩たちは慌てたに違いない。

実のところ、篠原修が語っているように、八十島が残ったことは、のちの東大土木工学科の発展に大きく貢献する。彼が残らなければ、同学科が、旧来のハードウェア中心を抜け出て、交通、景観など新分野の研究室を持ち、その名も社会基盤学科と改める現在の姿にはならなかっただろうからである（『ピカソを超える者は』）。

都市工学科の講座担当で、もう一つ注目すべきなのは、英華が発足当初の一九六二（昭和三七）年は第一講座だったのが、学生が本郷に進級し、学科の正式な体制ができ上がった一九六四年に第四講座すなわち都市防災担当に移籍していることだ。

都市工学科は丹下、八十島と力を合わせたとはいえ、生みの親は高山英華であり、まさに彼の「作品」であった。とすれば、第一講座、つまり都市計画原論を担当しつづけるのが順当ではないか。

だが、結局のところ六四年の都市計画コースで、第一講座を担当したのは住宅公団から招いた日笠瑞であり、第二講座（都市設計）は丹下健三、第三講座（住宅地計画）はやはり住宅公団から来た本城和彦が担当して、英華自らは第四の都市防災講座教授という形になっている。

初代学科主任として、英華は学科全体を統率はした。しかし、彼は必ずしも防災に関し、日本一の権威ではない。むしろ、英華自身の興味は都市計画を総合的分野ととらえ、さまざまな専門家たちをコーディネートして、マネージメントしていくほうにあったはずである。

当時の防災の第一人者は建築学科の浜田稔教授であった。戦争中に第一工学部で防空講座ができたときにも、浜田は主任教授だったし、戦後に都市計画講座と名を変えたあとも、第二工学部から英華が本郷に戻ってくるまで、浜田教授、丹下助教授という布陣で引き継いでいた。

浜田の存在にもかかわらず、英華は都市防災講座を、あえて新設の都市工学科で設け、自身が教授に就任したのである。

この謎を解くには、浜田稔の都市防災に対する立場を知る必要がある。

内田祥三の回想によれば、戦争中防空講座を内田がつくったとき、浜田の本心は都市防災よりも建築不燃、さらには建築材料にあったという。

《浜田先生は材料専門にやりたい、材料をやりたいために建築に入ってきたのだという希望が根底にあったんですよ。都市計画でもいやでないのでしょうが、どっちかといえば気が進まないほうです。しかし防火のことには興味をもってやっている。だから都市防火ということで講座ができるかもしれない、そうしたら引き受けてくれないかというと承諾してくれた。本当は浜田さんが執拗に材料を要求されていたのです》（「内田祥三談話速記録」）

第二工学部で念願の都市計画関係の講座を持てて喜んだ英華とは対照的に、第一工学部の浜田はあくまでも「建築」に固執した。

だから、戦後、防空講座が都市計画講座と名を変えても、浜田は建築材料・防火の領域から出ようとはしない。当時第一工学部で都市計画を学んでいた田村明《たむらあきら》によれば、都市計画講座の主任教授が浜田稔だということを、卒業後まで知らなかったという。田村がついた研究室は丹下健三で、その丹下も設計に忙しく、実際に習ったのは特別研究生の浅田孝からだった。高山に習いたくても習えない第一工学部の学生が要求して、英華が本郷に講義にやって来たのは、田村の卒業後であった（『東京っ子の原風景』）。

第二工学部が廃止されたとき、教授のほとんどが生産技術研究所に移ったのに対し、高山英華が本郷に戻ったのは、浜田稔に自分の講座を、都市計画としてつづける意志がなかったからであろう。

逆に、東大を定年退官したとはいえ、当時なお建築学界に君臨していた内田祥三の意志は都市計画講座の存続であり、しかも都市防災の強調であった。ここに、第二工学部廃止のとき、英華だけが同僚たちと違い、生産技術研究所ではなく、本郷へと戻ることになった秘密の真相があるように思われる。

《いま私は防災のことを一生懸命やっていますが、これはやはり内田先生から「日本の町の防災をともかく何とかしろ」といわれたことが始まりです》（『私の都市工学』）

内田祥三は都市計画にはさまざまな学問が総合化しなければならないと認めつつ、建築学者が取り組むべきは防災であると堅く信じていた。明治の初期、首都となって百年足らずのうちに、東京は関東大震災、東京大空襲と、死者十万を超えた大規模な災厄に二度も見舞われている。たとえ、欧米の都市計画学科には存在しなくても、日本では木造の家が多い特有の状況を反映した都市防災学の確立が必須だ。ちょうど東大建築学科で、佐野利器が意匠よりも構造を主流として位置づけたように。

英華は浜田と比べると、防災の第一人者ではなかった。少なくとも浜田稔がやっているように綿密な建築不燃の実験を繰り返し、データを考察するといった作業は気質的にあわなかったであろう。しかし、内田祥三が確信していたように、都市防災を都市工学科で教え、講座を持つ必要性は感じていた。そこで適任者を見つけられぬまま、自分が第四講座を引き受けたのではなかったか。

助教授にはアメリカ留学から帰ってきたばかりの伊藤滋を任じ、研究室にいた村上處直を「都市防災の権威」として、委員会やマスコミに登場させるようにしたのも、英華らしい配慮であった。

だが、英華が都市防災講座の教授となったことは、オリンピック後の東京の都市計画で、高山英華を重要な地位に占めさせる。

東京オリンピックに伴う道路整備により、郊外の山の手は大きく変わったが、江東区などの下町は木造住宅が過密に立ち並ぶまま放置された。一九六七(昭和四二)年に登場した美濃部革新都政は、道路整備よりも、防災計画を重視し、英華に江東デルタ地区の防災計画を依頼する。オリンピックで整備された環状七号線沿いの学校で、光化学スモッグが発生し、交通量を増やす道路整備が反省期にさしかかった時期でもあった。

英華が行った下町の防災計画とは、具体的には、亀戸・大島・小松川と、両国をまっすぐに結んだ横軸と、錦糸町で交差するように木場から白髭東方面に結んだ縦軸とを、不燃化するというものである。この十字架の縦と横を不燃化することによって、下町全体を守ろうという構想で、「防災十字架ベルト計画」と名づけられた。

こうした東京の都市計画を防災面から見たかかわりが、一九七〇年代から八〇年代、英華が委員長となってまとめることになる国有地（具体的には筑波移転跡地）の利用計画につながっていくのである。

一九六二（昭和三七）年設立された都市工学科は、工学部一号館の斜め後ろに建てられた八号館に、機械系三学科（機械、産業機械、舶用機械）と一緒に入ることになった。

初期の学生たちによれば、都市工学科の教員たちが駒場の教養学部二年生に新設学科の説明にやって来たとき、学科全体の印象はあまりに漠としていたという。

――先生たちも、自分たちの専門について話しているだけで、学科全体としての印象は薄かった。

そう感じながらも、学生たちが都市工学科行きを決めたのは、魅力があったからであろう。

一九六〇年代とは、東京の町中がオリンピックのための工事で沸き返り、「都市」という言葉が若者の心をうち震えさせた時代だった。東京は人口一千万を突破した世界最初の都市として日々拡大し、日本中が都市化という現象に彩られようとしていた。この状況を何とかしなければ。政治的思想が右であれ左であれ、そのとき学生たちの目の前にあったのが、東京という巨大都市だったのである。

当時学生たちに最も読まれた本が、羽仁五郎《はにごろう》『都市の論理』であったのも象徴的といえよう。「東京計画一九六〇」を発表し、代々木に建設中の国立屋内競技場を設計した丹下健三、東京オリンピック施設の基本計画を差配した高山英華らを憧憬の目で見た学生たちは、都市工学科の全体像をつかめぬまでも、都市という言葉に打ち震え、同学科への進学を決意する。

教育だけでなく、研究室で行われている活動も（特に高山研においては）、日本中のビッグプロジェクトを一手に行っているような観があった。

たとえば、高蔵寺ニュータウン（愛知県春日井市）の計画がある。日本住宅公団によって開発されたはじめての大規模ニュータウンで、公団と高山研究室が海外の先進事例を学びながら、マスタープランが立てられた。

《日本では、町のよさを論ずることが少なすぎた。町と人々とのかかわり合いの大切なことを、見過ごしてきた、ともいえよう。ここに、多くの新しい提案と明日への夢に満ちた、ひとつのニュータウン計画がある。このニュータウンづくりは、いわば重要な社会実験でもあるのだ》（『高蔵寺ニュータウン計画』）

マスタープランの冒頭に掲げられたこの宣言は、いままで日本では行われなかった大規模都市開発への夢と意欲に満ちている。

位置は名古屋市の中心から北東へ二十キロメートルの八百五十ヘクタールの地に、八万七千人を計画人口とするものであった。

マスタープランでは、高層住宅と歩行者デッキによって都市軸が形成され、人と車の交通の立体的分離、将来へ向けてのワンセンターシステムへの移行が意図されている。駅からセンターまでちょうど高台へ上るようになっているところなど、イギリスの当時最も新しいニュータウンであったカンバーノールドを思わせる。

住区構成は地形を生かして、大きなオープンスペースを取り込む三つの大住区を設定し、中心地区からそれぞれの住区に対して、フォーク状に都市軸が延び、幹線道路のシステムとは平面的にあるいは立体的に分離するよう計画されている。フランスで発表されたばかりのトゥールルーズ・ル・ミレイユのニュータウン計画を参考とし、いまや古典的となった近隣住区理論などには目もくれていない。

高蔵寺ニュータウンは当時最先端の欧米都市開発の事例を、いかに日本の若いプランナーたちが早く咀嚼《そしゃく》し、自家薬籠中《じかやくろうちゅう》のものとしていったかの証明である。

司《し》馬《ば》遼太郎《りょうたろう》は東京大学を「日本における近代化の配電盤」と喝破した（『本郷界隈—街道をゆく37』）。東大がさまざまな西欧の思想、情報、技術などを受け入れ、それを日本流に翻案して全国に配信する近代化の総合情報センターであったという意味である。同様に、高山研は高度成長時代にさしかかった一九六〇年代の日本において、欧米の都市計画技術を逸早く吸収し、全国的に実現していった、文字どおり、都市計画の配電盤であったといえるだろう。

高蔵寺ニュータウンは、その高山研が最初に手がけたニュータウン計画であり、戦後日本都市計画の青春の記念碑といってよい。その基本計画書は英華監修のもと、高山研究室の川上秀光、土田旭《つちだあきら》、大村虔一《おおむらけんいち》、そして大学時代高山に学んだ日本住宅公団の津端修一《つばたしゅういち》、御船哲《みふねさとし》らによりまとめられた。

高蔵寺の後、高山研究室は多くのニュータウン計画に手を染めた。川手昭二《かわてしょうじ》のように創成期の住宅公団に入って、多摩や港北などのニュータウン実現に腕を振るった高山研出身者もいる。なかでも代表的なのが筑波研究学園都市である。

高蔵寺が住宅中心だったのに対し、筑波ではイギリスのニュータウンのように職場を含んだ自立都市であり、しかもその職場として、大学や官民の研究所などを立地させるという「頭脳集積都市」であった。

英華は委員として、土地の選定からかかわった。富士の裾野、群馬県の榛名山《はるなさん》、栃木県の那須《なす》などが当初の候補地で、各々の後ろに有力政治家がついている。それをほかの委員たちとヘリコプターに乗って見て回ると、知事はじめ有力代議士が出迎えて、候補地を売り込む。旧来の政治

高蔵寺ニュータウン全体計画

体質が都市計画に重い影を及ぼしているのを、英華は改めて感じた。

最後の決定も、当時の佐藤内閣官房長官で、茨城を選挙区としていた橋本登美三郎《はしもととみさぶろう》が活躍し、当初は有力候補でなかった筑波に落ち着いたのである。

そんなさまを見ながら、英華の心は晴れなかった。

政府の委員に選ばれて、自分の名誉心をくすぐられ、喜ぶだけの学者もいる。しかし、英華は逆に、学生時代マルキシズムをかじった反骨精神が頭を持ち上げてくる。かといって、委員を断り、研究に埋没する柄ではない。西山夘三のように、著作で政府や体制を批判しても、よい都市計画を実現することはできないだろう。現実はもっと複雑だ。

(結局俺はジキルとハイドだな)

夜は阿佐谷の飲み屋で作家や文化人と付き合う。なかには、組合活動家もいて、研究室への訪問者には、サッカー関係者だけでなく、戦前にギャング事件を起こした共産党の活動家さえ含まれているくらいだ。そういった顔も持ちながら、表では東大教授として、政府の主催する審議会や委員会に出て、体制側の意思決定に参画する。都市計画のためには、目をつぶってでも、自分が御輿にならなければならないときもある。担ぎたいのなら、担がせてやれ。

(その代わり、俺はよい都市計画を実現してみせる)

西山夘三君などは、俺の生き方を支離滅裂だといい、変節と批判するだろう。今年入ってきた学生が「どうも都市工は分からない」と言っていたが、まったくだ。教授の俺だって、分からないんだから。

（ただ、はっきりしていることが一つある）

と、英華は思う。現実は複雑だということだ。そして都市計画とは、複雑な現実を相手にする作業だということだ。ある人から見れば、支離滅裂に見えるかもしれないが、都市計画は教科書どおりにはいかない。大事なのは都市計画という大義を打ち立てて、計画がなければ開発できないという社会のルールをつくることだ。

すべての開発が政治家や顔役の口利きで決められ、利権になる時代は、終わりにしなければならない。土地は公的なものだから、単なる金儲けの道具など、もってのほかだ。でも、規制が強過ぎると、逆に自由なことができず、よい都市計画は実現できなくなってしまう。できるだけ自由にしながら、自分たちの住む都市や町はこうあるべきだという合意を皆で決めることが必要なのだ。ビルを超高層にすることを認めながら、地上の空地には市民たちに開放する公園を設け、緑豊かにするといったふうな。

（建築家のように図面を描いて、そのとおりに実現することは都市計画ではない。むしろ直接の形にこだわらず、育ち方を誘導するようなルールこそが必要なんだ）

というのが、英華の信念であった。

筑波研究学園都市でも、さまざまな問題が起こってくる。

最初のマスタープランはエリート建設官僚たちが描いた。でき上がったのは教科書のように、きちんとした整形敷地でのプランである。

ところが、日本住宅公団が土地買収を始めると、応じてくれない地主があらわれたり、筑波大学がもっと敷地がほしいと言い出したりで、学園都市の敷地は虫食い状態になってしまう。こうなると理想だけの建設省案は役に立たない。

——先生、何とかしていただけませんか。

住宅公団は日本都市計画学会を通して、英華に計画の作り直しを依頼する。東大に来たばかりの井上孝が意気込んでやってみたが、うまくいかない。何しろ、欧米の教科書に、敷地が虫食いのニュータウンなんてないのである。

「困ったな」

研究室で英華は頭を掻いてみせた。すると、

「わたしがやってみましょう」

と、土田旭が言った。アーバンデザインをやりに高山研にやって来て、いまは助手になっている。普通、デザインをやりたいなら丹下研に行くのだが、高山に人間的魅力を覚えたらしい。磯崎新など、丹下研の院生たちと研究グループをつくり、本なども出している。

土田は山林図を参考に、ばらばらになっている筑波研究学園都市の敷地を道路で結びつけた。これでどうにか、格好だけでも一体化できる。

「さすがだな、おめえは」

筑波研究学園都市モデル

こういうやくざな口調で褒めると、土田がどういうわけか喜ぶことを、英華はよく知っていた。

そのあとも住宅公団はいろいろと変な要求を出してくる。建設省に言われたことを鵜呑《うの》みにして引き受けてしまうらしい。

「どうにかしてください、先生」

土田が口を尖らせて文句を言う。英華はちょっと考えてから
「おい、南條君」

と、一人の大学院生を手招きした。

「君が公団の言っているとおりの案をつくってくれないか」

南條道昌《なんじょうみちまさ》という大学院生にそう言う。土田には彼が正しいと信じている案をつくらせ、他方で南條には住宅公団が言ってきている条件でつくるとこうなりますよ、という案を担当させるのだ。

「反土田案だ」

というと、悪い見本でも、南條は何だか自尊心をくすぐられてしまう。

委員会に、その南條案を何食わぬ顔で提出すると、案の定、

「この案ではまずい。わたしは反対です」

という意見が出てきた。

「そいつは困ったな。でも、もう時間がない。土田君、何かいい知恵はないか」

座長の高山英華が困ったような顔をして言う。このへんは万事打ち合わせ済みだ。

「実は作業班はもう一案つくっています。それを出すために十分間、時間をください」

土田旭がそういって、自分がつくっていた本命案を取り出すと、反対していた委員も満足して賛成した。その委員はうるさ型の大学教授で、きっと反対してくるだろうと、英華たちは前もっ

て読んでいたのである。

「今野君、これで事業やれるかね」

座長の英華がとぼけた顔で、住宅公団の今野博《こんのひろし》部長に尋ねる。今野は「うーん」としばらくうなっていたが、

「わたしも、こっちのほうがいいと思います。やってみましょう」

ということで、筑波研究学園都市のマスタープランは決まったのである。

一九五〇年代まで、民間の都市計画コンサルタントは、秀島乾など少ない例外を除けば、日本にいないに等しかった。都市計画の権限は自治体ではなく、国に握られ、しかも、担当責任者は事務方か土木技術者で、具体的に行われる事業は、道路整備か区画整理だったからである。その土地や地域がどうあるべきか、生活環境をどうするかといった配慮は、都市計画から抜け落ちていた。

それが一九六〇年代になって、急激に計画の仕事が現実のものとなってきた。しかし、ノウハウを持っているのは、大学研究室のごく一部、昭和二十年代の復興期からつづけてきた高山研究室ぐらいに限られていた。

このころから、高山英華が官の委員会や審議会に担ぎ出されることが多くなったことは既に述べたが、委員としてだけならほかの先生でもよかったろう。しかし、高山研究室は昭和二十年代末から、川上秀光、石田頼房、川手昭二、伊藤滋、村上處直、加藤隆、森村道美《もりむらみちよし》、奥平耕造《おくだいらこうぞう》、土

田旭、林泰義《はやしやすよし》、大村虔一、土井幸平《どいこうへい》、南條道昌、伊丹勝《いたみまさる》、水口俊典《みずぐちとしのり》、渡辺俊一《わたなべしゅんいち》、山岡義典ら優秀なスタッフを抱え、都市計画のノウハウを蓄えていた。

《当時の高山研究室は、未だわが国の都市コンサルタント業務が未成熟であったため、全国の自治体や住宅公団などから都市再開発やニュータウンの計画や設計に関する一連の作業を受託していました。研究室の学生はそうした実務に加わって計画設計の作業を行い、実社会とのかかわりを体験しつつ、自分のテーマを見出して研究活動を行っていたのです》（「大村虔一教授退官記念」）

しかも英華はほかの建築学科の教授のように、作業の結果をトップダウン式ではなく、現場の課長クラスの面子を考え、「落とし所」も踏まえながら、プロセス重視で進めた。

ここに高山英華が委員会や審議会の委員に名を連ねながら、計画自体も高山研究室が請け負い、「都市計画の神様」になっていった理由がある。

そうでなければ、一九六〇年代の高山研がオリンピックで忙しい一方で、八郎潟、高蔵寺ニュータウン、筑波研究学園都市、四日市、射水地域、吉祥寺再開発など、全国の主要な都市計画を並行的に引き受けていけた理由が見当たらない。しかも、引き受けたプロジェクトを自らの作品ととらえた丹下健三と違い、高山は最初に方針を伝えるだけで、あと詳しい内容については助手や院生など、作業班に任せて詳しく介入しなかった。このようなことから、高山研はまさに院生たちによる梁山泊《りょうざんぱく》のような活況を呈したのである。

師の内田祥三は厳しさで弟子たちに君臨し、東京大学本郷キャンパスをつくり上げたが、弟子の高山英華は豊かな包容力と人間性で、高度成長時代における日本全国の都市計画の総元締めになった。

当然、英華の立場も変わっていく。駒沢オリンピック公園では、あくまでグランドデザイナーとしての役割を担い、サッカーの「キャプテン」だったのが、高蔵寺ニュータウンや筑波研究学園都市では、自分はプレーをしない「監督」へと移っていった。

サッカーの監督は、試合が始まれば、選手たちのプレーを見ているしかなく、与えられる指示も限られる。監督の優劣はむしろ試合前のメンバー編成――つまり、今日の試合内容を思い描き、適切な選手を選ぶことにあるのだ。

都市計画の「総元締め」になってからの英華のすぐれた点は、このメンバー編成にあった。プランニングは川上秀光、分析は伊藤滋、デザインは土田旭、イベントは南條道昌、防災は村上處直といったように、プロジェクトの種類と内容によりなされた人選はいつも適切だった。そして試合が始まれば口出ししない。選手たちにできるだけ任せるのも、「監督」の才能のうちなのだから。

筑波研究学園都市の基本計画ができ上がった一九六六（昭和四一）年、東大都市工学科は第一期の卒業生を社会に送り出した。なかにはそのまま大学院修士課程に進学する者もいる。やがて小《こば》林《やし》重敬《しげのり》、腰塚武志《こしづかたけし》、林洋太郎《はやしようたろう》ら、その後の都市計画学や民間不動産開発を担う者も生まれていった。第二期、第三期と都市工学科を選択して、駒場から進学する学生の数も増えていく。東京オリンピックにつづいて札幌オリンピックの施設計画、千葉ニュータウン、大阪万国博覧会の計画などが英華の元に持ち込まれ、物事はすべて順調に進みだしているかのようだった。まさかその二年後、東京大学の歴史を揺るがす事件が起ころうとは誰も思わなかった。

しかし、そのときはやってきた。一九六八年初頭東大医学部に端を発した紛争は、やがて全学に広がり、いわゆる「東大闘争」になっていくのである。

都市工学科が全共闘運動の「拠点学科」（島泰三『安田講堂一九六八―一九六九』）となった理由として、六九年一月安田講堂に立てこもった一人は、著者のヒアリングに次の三つの理由をあげてくれた。

一　衛生工学コースの自主講座において、反公害運動の高まりがあったこと
二　大学院における活動家の存在
三　端緒となった医学部誤認処分への大学側対応のまずさ

このほか、当時アメリカで高まっていたヴェトナム反戦運動、パリの五月革命、中国の文化大革命などが背景として考えられよう。

日本でも、日米安全保障条約の改定を間近に控え、全国の多くの大学で、学費値上げ、制度改

革、大学の移転・統合など、紛争は遼火のように拡大しつつあった。

まさに「一九六八年には世界中が沸騰していた。この沸騰する世界史の現場からの波動は、学生たちの皮膚に伝わる生の感覚であり、しかもそれは心の奥底に届くものだった」（前掲書）のである。

医学部の登録医制度をめぐり、附属病院長をつるしあげたとして処分された学生、研修医のなかに誤認があったことが、いわゆる「東大闘争」の端緒だったことは、よく知られている。抗議した学生たちが六月十五日安田講堂を占拠、二日後に大河内学長が機動隊を導入し占拠者を排除して、紛争は全学に広がっていった。

高度成長時代のなかで、大学は大きくなり、学生数はかつてないほどに増えている。マスプロ化、大衆化は東大においても例外ではない。他方、大学側の管理体制や講座制など、システムは旧態依然のままだった。

機動隊導入の二日後、大学側の措置に抗議して、法学部を除く九学部が一日ストライキを行い、全学総決起集会には七千人が集まった。七月二日には結成されたばかりの東大全共闘が安田講堂を再占拠し、本郷、駒場とも、東大は大きな波にのみ込まれていく。

工学部が九月十日、都市工学大学院も二十一日に、そして十月に入ると全学が無期限ストライキに入った。

いまや問題は登録医制度だけではなく、医学部に限るものでもない。一九六〇年代の急激な経済成長で起こったさまざまな社会矛盾、大学教育への失望と不満、若者の正義感と無鉄砲さなどが入り混じって大きなエネルギーと化した。

――俺たち都市工も医学部のインターンたちと、情況は同じだ。

院生たちのなかには、そう叫ぶ者も出はじめた。

都市工学科では、各研究室が官庁や行政からの委託調査、計画などを受けている。日笠研はかつて在籍した日本住宅公団からの調査依頼を受け、丹下研は教授が経営している設計事務所員だけでなく、学生、院生が設計に駆り出され、よその大学の者までが出入りしていた。

――丹下君のところでは、学生をただでこき使っているというじゃないか。あれじゃあ設計料のダンピングと同じだよ。

先輩建築家の前川國男から、批判の声が出たぐらいだった。

高山研ももちろん、目を付けられる。

《教室（教官）のやっていることの結果は、たとえば公害で騒がれている四日市、その他のコンビナートであり、成田空港とそれに伴う市街地の改造であり、新産都市であり、東京教育大学の学友たちが反対している学友たちの設計であり（中略）ほとんどが人民大衆の利に反している》

（川島宏「安田講堂再占拠宣言」）

国家的プロジェクトを一手に引き受け、成田空港の検討委員もしている英華が、活動家たちの批判的アジテーションの的になったのは、いわば当然の成り行きだったろう。そして実際に、都市工学科を全共闘運動に引き込んでいったのは、そう叫ぶ大学院の活動家たちが中心だった。《都市工学科においてぼくらは、教官によって研究委託要員にされ、搾取される。ぼくらの研究や仕事によって、人民がまた搾取される。いわばぼくらは二重の疎外状況におかれている。そういう自分自身を解放するために、立ち上がった》（前掲書）

教官たちの反応はさまざまだった。学生たちと直接交渉にあたった川上秀光、大谷幸夫ら助教授たちは教育者としての立場から、彼らの言い分にも真摯に耳を傾け、接しようとした。逆に言い合いになり、学生たちにゲバルト棒で殴られた助教授もいた。もっとも、けがをしないように、ヘルメットをかぶせられてのうえだったが。

英華と並ぶ都市工学科のシンボル丹下健三は、はっきりと自分が「終始きわめて冷淡な態度をとり続けた」と書いている（『一本の鉛筆から』）。

《一つには、これらの運動は、中国の紅衛兵や、それに続くフランスの学生運動などの強い影響を受けて始まったものであり、そこに何の独創性も感じられなかったからである。活動家といわれる諸君にも、「君たちのオリジナルの運動なら、多少の敬意を表してもいいが、しょせんは借り物であり、二番せんじではないか」とよく批判した》（前掲書）

結論として、丹下の決心とは「無視し、かかわらないということでネガティブな抵抗を行う」ことであった。

だが、かつての全共闘学生によれば、実際の丹下は学生たちと「情況とは何か」をめぐって議

論し、

――おい、この話、建築の雑誌あたりでやらないか。ぼくから『新建築』に話してみよう。

と言っていた時期もあったらしい。しかし、それは丹下の持つ、時代の動きへの貪欲なまでの敏感さ、好奇心によるものであり、ある時点、つまり全共闘運動が政治運動化した時点で、はっきりと見切りをつけていったという。

対して、高山英華の姿勢は少し異なっていた。

――まあ、やつらの言い分も聞いてやれ。何をしようとしているのか、よく見ることが大事だ。俺は砲兵隊の出身だから、敵の布陣はよく把握しておかないと。

そう言いながら、ベレー帽をかぶってキャンパスに姿を現すことが多くなったのである。

それは多忙なはずの英華としては不思議な選択だった。が、以後半年間、安田講堂攻防戦に至るまで、英華はまるでそれを自分に課したかのように、本郷キャンパスに通いつめた。

全共闘のつくった立て看板もよく読んでいたらしい。

「タテカンを褒められたことがありますよ」

四十年後のいま、著者にそう語った都市工卒業生もいる。

「看板を書いていたら、後ろから声をかけられたんです。『お前のが素人っぽくて一番いいぞ』って。思えば、高山先生に褒められたのは、後にも先にも、その一度だけだったな」

今は社会人である彼の顔は、著者にそう言ったとき一瞬紅潮した。

英華は、団交にもきちんと出た。ほかの教授、助教授と違い、サッカーで鍛え上げた体格をもっているので、学生たちのほうがへばってしまう。弁舌爽やかとはいかないが、若者たちには本音で話した。

工学部八号館を学生たちが閉鎖してしまったので、毎夜懐中電灯を持って、教官が順番で見回った冬の夜のことである。

当番のため、日ごろ見かけない丹下健三なども回ってくるが、

――いいかね、火事など起きたら、君たちの責任だよ。

と、注意してそそくさと帰ってしまう。

高山英華の巡回日もやってきた。

――ひとーつ。

懐中電灯の明かりで、学生たちの顔を照らし出して、大声で二つ三つと人数を数え上げた。

――なんだ、今夜は小者ばかりだな。

最後に落胆したような声で言ったので、学生たちは声をあげて笑った。小者だといわれても怒る気にはなれない。むしろ心が通じ合えたような気がした。そのときいたのは学部生ばかりだったので、確かに小者には違いない。

二言三言話すうちに、これから鮨でも食いにいこうということになった。

――そういえば、腹が減った。

先生がご馳走してくれるなら、俺も俺もということになり、結局バリケードをほったらかにして、全員がついてくる。留守中によそのセクトが来て、占領されないかと心配する声もあがらなかったというから、まあのんきだったのだ。

鮨屋で英華にいろいろ議論を吹きかける学生もいる。しかし、英華はほとんど反応せず、学生たちがご馳走を食べているのを眺め、雰囲気を楽しんでいるように見えた。

——腹もいっぱいになったし、さてもう一軒、行くか。

一時間ほどして、英華は立ち上がった。本郷三丁目近くのバーまで、学生たちを連れていき、扉の前で一瞬止まったかと思うと、意を決したようにノブをひねる。

——あーら、高山先生。

お店の中から、キャーと叫ぶ声がする。高山先生が女性に人気があるなんて、学生たちには意外だった。

まだ大学三、四年で、こんなところに来るのは初めてだ。最初は遠慮していたものの、酒の勢いもあってだんだんと慣れてくる。そんな学生たちを英華はにこにこと眺めていた。

酔って、また議論を吹っかける者もいたが、

——俺はそんな野暮な話をするために、ここに来たんじゃないよ。

と、英華はたしなめた。そのあと、

——実は今の都市工は俺が最初に考えていたものとはだいぶ違う。俺が考えていたのは、もっ

と社会や経済などの要素が入った研究所だった。工学部の学科にしたら、お前たちみたいなバカ学生ばかり来て。

などと明かしたりした。

——でも、研究所にしていたら、こんなじゃ、すんでないかもしれないな。俺だって、ゲバ棒を持って。

そんなことを話す英華といることが、学生たちには妙にうれしかった。はっきりした理由は分からないまでも。

おそらく、英華の声を聞き、一緒の場にいることが、実は自分が今まで求めてきたものだったような気さえした。

「全共闘の連中は、みんな高山先生のことが好きだったと思いますよ」

その場にいた一人は、回想している。

「それまで、われわれ学部生にとって、高山先生は雲の上の人だったわけですから。それが実際に先生に触れたら、やはり大物だった。とてもかないませんでしたよ」

学生たちは難解な論理で、自らの行動と心情を説明づけようとする。同時にきわめてナイーブで純真だから、度量の広い人物と会うと、ころりと参ってしまう。この先生には嘘がない。そのまま自分たちに接してくれる。だから学生たちは、英華を大物だと見直し、人間性に感服した。

対して、英華自身は全共闘を、どう思っていたのだろうか。

「あの人は若いころ、マルクスをかじったでしょう。だから立場は大学側でも、心情的には血が騒いでいたんだと思いますよ」

と、門下生の一人は回想している。

そうした反骨意識も、もちろん根底にあったろう。

しかし、まずは都市工学科自体が、英華の「作品」であったことを忘れるわけにはいかない。自分が「漁村計画」を設計して卒業し、助手になって以来、都市計画の研究所か学科をつくることは、英華のライフワークだった。学生たちが反体制運動にのめり込んでいっても、英華が怒る気にはなれなかったのは、彼にとって「作品」とは、都市工学科という組織だけではなく、そこに集まった学生たちでもあったからだろう。

英華には全共闘の学生たちが、こよなく可愛い。マルキシズムに染まった自らの青春時代を思えば、似た者同士という愛着さえあった。

――お前たち、警察には絶対に捕まるなよ。

英華は真顔でそう学生たちに何度も注意したという。戦前に共産主義にのめり込んで一生を不遇に終えた友人たちと、全共闘の学生たちとが、二重映しになっていたのだろうか。

しかし、英華の諫めにもかかわらず、紛争は激化し、ついに一九六九年一月十八日の安田講堂攻防戦を迎えた。

その日も英華は本郷に出て、学生たちが立てこもっている安田講堂に、放水やガス弾で機動隊が攻撃しているのに立ち会った。

——高山君は一体、何をしている。一度ぼくのところに説明に来るように言ってくれ。

恩師の内田祥三がそう言っていると、生産技術研究所の村松貞次郎助教授が二、三日前に知らせにきたばかりである。

数年前、都市工学科の設立を内田先生は心から喜んでくれた。ところが、いまその学科が全共闘運動の有力拠点となっているというではないか。高山英華はどうしているのだ。安田講堂をはじめ、本郷キャンパスをつくり上げた内田祥三が感じている懸念を、英華は痛いほど理解できた。

しかし、だからこそ、いまは内田先生と会うのを避けたい、とも思う。

——ぼくは病気中だとでも言っておいてください。お願いします。

そう村松に依頼したばかりである。

いまも英華は内田祥三を師として尊敬している。その念は変わらないのだが、妙に億劫なのだ。

同じころ、安田火災海上（現・損保ジャパン）本社ビルの設計を内田が委員会形式で進めたときも、星野昌一や松下清夫らとともに、委員の一人として名を連ねながら、英華はほぼ毎回欠席している。村松貞次郎に、晩年の内田に対する英華の態度を「〝君子危うきに…〟というわけでもないだろうが」（『日本建築家山脈』）と思わせたのは、こうしたことをいうのであろう。

人間は年齢を経るに従って、個性があらわになる。もともと頑固だった内田は、三年後の一九七二（昭和四十七）年に亡くなる最晩年、さらにその傾向を強くしていた。しかも、時代は移り変わり、防災の分野でも、新たな考え方が登場してきていた。かつて内田がまとめた建築の高さ制限といった法規上の規制も時代遅れとなり、直接面と向かってではなくとも、英華は師と反対の立場に立たざるを得ないときがあった。

特に東大闘争では、その舞台が自らの心血を注いだ本郷キャンパスであったがゆえに、祥三は英華に大きな不満を持った。顔を合わせたら、昔のように英華を厳しく激怒し、叱責するつもりでいたのかもしれない。

英華にとってみれば、都市工学科と学生たちこそ、彼自身の作品であり、愛情の対象であった。学生たちの革命理論はあまりに幼稚で、まじめに取り上げるべきものではないが、彼らの感じる社会への不満、矛盾を憎む純粋な気持ちは、自らもそういう体験をしているだけに、頭ごなしに否定する気分にはなれない。そのエネルギーや問題意識を、もっとまともなほうに向けさせれば、日本の都市はもっとよくなるはずだ――おそらく、教育者として英華はそう思った。自らの設立した都市工学科に集った学生たちを、彼は何よりも愛したのだ。思えば、内田先生もかつてそうした愛情で接してくれたからこそ、今日の自分があるのではないか。

（だから、俺は内田先生と口論したくない。先生の口から都市工学科への批判を聞きたくない）

いま目の前で、工学部建物などの封鎖が次々と機動隊によって解除されていくのを見ながら、英華はそう思った。

安田講堂に立てこもった学生はおよそ四百名、石や火炎びんで応戦して、落城は翌十九日、夕刻である。なかには工学部学生委員長だった石井重信《いしいしげのぶ》をはじめ、都市工学科の学生も数名含まれていた。

そんなふうに全共闘に寛大だった英華が、一度烈火のごとく、彼らに怒ったことがある。

安田講堂が落城してしばらくのち、本郷の小さな旅館で、都市工学科の教授・助教授たちは会議を開いた。そこへ、察知した学生たちが数名、旅館に押しかけてきたときである。

彼らの姿を見たとき、英華は初めて学生たちに大声をあげた。

――お前たち。

と、彼は言った。

――仲間を見殺しにして、よくこんなバカなことができるな。

愛情を感じていただけに、彼らの鈍感さが許せない。そんなことをやっている暇があったら、逮捕されている仲間たちのところに慰問でもしてこい。あるいは頭を冷やして、日本の社会や都市を本当によくするにはどうしたらいいか考えろ。

「あの言葉は、いまも耳の奥に残っていますよ」

著者が行ったヒアリングで、元全共闘であったある人はそう語った。英華に怒鳴られたその人は、安田講堂に立てこもった親友の石井重信が、のちに自死したとき、英華の言葉を思い出したという。どうして高山先生の言葉を聞いて感じた悔恨を、獄中にいる者にうまく伝えることができなかったのか。できていれば、そのあと石井がなお反体制運動にかかわりつづけ、やがて自ら命を縮めることもなかったのではないか——といった後悔が、その人の心にいまも残っているのであろうか。

安田講堂攻防を頂点とした全共闘運動は、やがて連合赤軍など過激派のテロリズムやリンチ、内ゲバに堕ち、終息していった。

一九七〇（昭和四五年）年、日本は大阪で開かれた、わが国初の万国博覧会に沸き立った。それは十年の長きにわたってつづいた高度成長の収斂《しゅうれん》であり、一年前の騒乱がまるで嘘であったかのように、人々は平和に酔いしれた。

石油ショック勃発が三年後であることを思えば、万博は高度成長の終わりの始まりであったのだろう。そして全共闘運動もまた。

高山英華はその万国博覧会でも、オリンピックのときと同じように、総合プランナーという役目を引き受けている。しかし、今回は丹下健三と連名であった。

実際、万国博覧会においての英華に、オリンピックのような溌剌とした活躍は見られない。万博はお祭り広場のデザインをはじめとして、中心は丹下健三であり、高山の役割は丹下と、京都大学の西山夘三との調整であった。西山は地元関西でのプロジェクトである大阪万博に、自分が都市計画家・建築家として腕を振るうことに意欲的であり、お祭り広場自体のアイデアも、もともと西山研究室によるものであったという（住田昌二編『西山夘三の住宅・都市論』）。他方、丹下は事務総長の鈴木俊一との関係を通じて、政府から万博の総合デザイナーに指名されることを望んでおり、首尾よくその希望を実現した。

最初は高山、丹下、西山の三人が一堂に会し、計画を一緒に話し合うことで始まった「軽井沢会議」も、万博協会から締め出された西山が去ったあとは、高山もまた事実上手をひいていったかのように見える。

この経緯をもって、英華を丹下とともに、西山を追い出した責任者と批判する見方もある。だが、以後も英華と西山との間に親しい関係が続いたことを見れば、それは正しくないだろう。

「都市計画家が建築に色気を出しちゃだめだよ」

ある酒の席で一緒になったとき、英華は西山に言ったという。思えば、二人は学生時代からの知り合いである。そのときは二人ともマルクスにかぶれていて、一緒に警察の手入れから逃れたこともあった。戦後NAUでは、英華が委員長、西山が委員だったこともある。

だが、昭和三十年代になって、二人の道は大きく分かれた。英華は政府関係の委員を多く務め、国家的プロジェクトに関与することが多くなったし、西山はあくまでマルキストとして生きた。そのため、西山は京都大学でなかなか教授に昇格できないという浮き目を見た時期もある。

「まあ、俺と違って、西山さんには建築の才能があるから」

英華がいうのは、西山夘三が徳島県郷土文化会館など、いくつかの建築を設計した実績を指している。

丹下健三が「東京計画一九六〇」を出したのに対抗して、西山は『京都計画一九六四』を発表もしていた。

「西山さんは文才もある。筆をとらせたら、丹下君だってかなわない」

万博で一敗地にまみれた友人への慰めの意味をこめて、英華はそう言った。

「今度の大学紛争では、お互いに苦労した。だけど、昔は自分もそうだったじゃないか、と言い聞かせて、俺は全共闘のやつらを許すことにしたんだ」

そう言う英華に西山夘三がどう答えたかは明らかではない。西山は全共闘に必ずしも同情的ではなかったから、高山に賛意は示さなかったような気がする。

しかし、そうした思想の違いを超えて、二人は終生、かけがえのない親友同士でありつづけた。万博から十年余りしたあとに、西山が書いた青春時代の自伝『生活空間の探究』に、高山英華は親しい友の一人として登場する。

そこに西山の、英華に対する悪感情は読み取れない。むしろ二十代に「青年建築家クラブ」で一緒に撮った記念写真さえ、載せられているくらいである。

写真の二人はともに若い。

一九六〇年代末、英華は、ア式蹴球部の部長にもなっている。定年退職を目前として、残るわずかの期間、できるだけ学生たちと触れ合いたいと思っていたのであろう。

――丹下君はオベリスク、俺はゴミ山だよ。

当時、英華はこんなことを言った。

丹下は建築家として美を追求し、そのためには自分の作品以外のすべてを犠牲にすることも厭わない。彼にとって大切なのは、自らの建築であり、それを生み出す自分である。たとえエゴイストと謗《そし》られようと、彼が誠実であるべき相手は建築そのものなのだ。

だから、高山より三年後に東大を去ったとき、丹下は文字どおり「世界のタンゲ」にふさわしく、石油ショックで沈滞した日本国内ではなく、中東をはじめとした海外に雄飛することになったのであろう。

対して、高山英華は違っている。彼本人は常に多くの友人、子分や学生たちを引き連れ、研究室は玉石混淆であった。そこでようやくつくった都市計画も、現実の前では相次ぐ変更を余儀なくされ、支離滅裂になってしまう。だから、でき上がったものも、「東京計画一九六〇」のように美しくも気高くもなく、問題を残したままゴミ山になってしまうというわけだ。

しかし、そうした弟子や学生たち、そしてさまざまな人間関係、ゴミの一つ一つを大切にした所にこそ、人間高山英華の特質があったのだろう。

大学を去る前に、大村虔一、土井幸平、南條道昌らに都市計画設計研究所、土田旭に都市環境研究所、林泰義に計画技術研究所といった形で、門下生たちを独立させているが、何しろ民間都市計画コンサルタントがあまり世の中にない時代だ。その後も彼らの仕事を心配し、面倒見のよさは終生変わらなかった。

ある丹下研究室の出身者は、大学院修士課程を終えて十年後に恩師に会ったら、自分のことを覚えていてくれなかった。ところが、同じころ、英華に会ったら、すぐに名前を呼ばれた。東京から遠隔地に住んでいるその人は、各界の有名人たちが列席するであろう丹下の葬式には列席を遠慮したが、英華が亡くなったときは飛行機でわざわざ上京したということである。

万博の翌年、そして安田講堂攻防戦の二年後である一九七一（昭和四六）年三月、東京大学工学部都市工学科教授高山英華は六十歳の定年を迎えた。卒業して助手となって以来の東大で籍を置いて、三十六年後のことであった。

エピローグ

都市計画からまちづくりへ

昭和50年ごろ

東京大学を退職したあとも、英華の活動は精力的につづいた。委員長や委員といった仕事は以前よりも増えたかにさえみえる。

彼の業績は、実際にどれだけ関与したかをよく調べないと、あまりに膨大になってしまう。なかには、いろいろな関係から引き受けざるを得なかったらしきものも少なくない。おそらく高山英華とは頼みやすくもあり、困ったときには力を発揮する人だったのであろう。

一九八一（昭和五六）年には、工学院大学の理事長になっている。東大を退職したあと、教鞭をとらなかった彼にとって唯一の例外のように見えるが、実は教師としてではない。同大学は、新宿の本部敷地を再開発し、都市型大学として存在しつづけようとしていた。その実現のため、伊藤鄭爾《いとうていじ》学長に依頼されての就任だったのである。

このほか、日本地域開発センター、都市防災研究所など財団法人の理事長、会長などの職についている。前者は都市工学科をつくるときに最初に考えていた都市研究所構想に近いものを、木川田一隆、中山素平ら財界人の援助を受けて一九六三（昭和三八）年に設立し、初代理事長茅誠司の後を引き継いだ。

――経済、社会など、さまざまな分野の人が参加して、都市問題を考える場にしたい。

という英華の願いは実現し、一橋大教授の都留重人《つるしげと》など進歩的文化人なども参加している。また、都市防災研究所は防災のシンクタンクをつくるという、師・内田祥三以来の念願を実現したものであった。

沖縄国際海洋博（一九七五）、つくば科学技術博（一九八五）など博覧会の会場計画もやっている。沖縄海洋博のときにはまだ六十代で元気だったこともあり、大阪万博より自分の意志を貫けたようだ。

《ぼくがやった。それは完全にぼくがやった。丹下さんはちょっと、沖縄にはあまり適当じゃない（笑）》（宮内嘉久との対談）

ちょうど石油ショックが勃発した直後にあたり、豪華なパビリオンで敷地を埋めつくす時代は終わろうとしていた。一時は彼自身が沖縄独立論さえ唱えたように、沖縄には戦中派としての思い入れがある。イベントだけに終わらせず、施設をできるだけ残して、観光などその後の地域振興に役立てたい。そのためには、建設費のかかる設計をする丹下の起用を不向きと判断したのであろう。

東大をやめる直前に指揮をとった札幌オリンピック（一九七〇）で北海道大学の太田實《おおたみのる》らを起用した経験から、学閥にこだわらず、設計者を決めたほうがよいという教訓もあった。

結果として、沖縄海洋博の中心施設アクアポリスは、早稲田大学出身の菊竹清訓が設計した。

ちなみに、大阪万博やつくば博でも、英華は早稲田の尾島俊雄《おじまとしお》を起用している。

ヨーロッパから帰ってきたばかりの女性照明デザイナー、石井幹子《いしいもとこ》を起用したのも、沖縄海洋博である。当時、照明デザインという分野は日本になかったが、彼女の父が竹内剃三という、東大サッカーのチームメートだった関係から、英華は幹子を知っていた。ベルリン・オリンピックに出場しながら、シベリア抑留で亡くなった親友の娘が、才能あるデザイナーとして成長したのを見たとき、英華は感慨を覚えたであろう。

デザイナーや技術者に存分に腕を振るわせながら、総合的にまとめるといったスタイルは、駒沢オリンピック公園で発揮された英華のやり方であり、沖縄海洋博はその成功例といってよい。現地の経済と生活に目を注ぎ、海岸線に沿った敷地が線形であることから、卒業計画「漁村計画」との関連を指摘する評もある。


だが、定年から亡くなるまでの英華の約三十年間を貫いたのは、やはり都市計画の、特に法体系に関するものであった。

端緒となったのは、一九六八（昭和四三）年に定められた新都市計画法（それまでの都市計画法と区別し、「新」をつけて呼ばれる）である。

十年後には都市計画中央審議会会長に就任、地区計画制度を答申し、さらに大学や研究所の筑波移転によって発生した国有地処分と、跡地を活用したまちづくりという実務につながっていく。

まず、新都市計画法。

高山研究室で八郎潟計画に携わり、その後東京都立大学教授となった石田頼房は、新都市計画法成立とそれにつづく建築基準法改正が行われた一九七〇年前後を、わが国都市計画の法体系が大きく変わった時期ととらえ、次のように書いている。

《これらのことから考え、日本都市計画は一九六八年から一九七〇年頃に一つの大きな画期をむかえ、それまでの日本近代都市計画とは区分し、現代都市計画と呼ぶことができます》（『日本近現代都市計画の展開―一八六八―二〇〇三』）

つまり、このときにわが国都市計画の法体系は、現在われわれが知っている形になったというのである。

それまでは、戦前の一九一九年に制定された「旧」都市計画法が、カタカナ交じりの古風な条文とともに生きていた。

戦前の都市計画は内務大臣が決定し、国が認可する。検討委員会（地方委員会）に県知事や県議は参加できるが、最終決定者は国家、すなわち大日本帝国にほかならない。

戦後二十年を経た一九六〇年代後半になっても、この形は内務省が建設省に変わっただけで残っていた。

土地利用の混在を防ぐために定められる用途地域制も、住居・商業・工業・未指定の四種類にすぎない。

もちろん「市民参加」などの仕組みがあるはずはなく、そうした文言さえなかった。

日本国憲法では、国民主権、地方自治、公共の福祉などがうたわれている。旧都市計画法をそのままにしていては、戦後民主主義にそぐわないということは建設省でも分かっていたが、役所は権限を失うことに積極的ではない。また、やろうにも土地の私権制限などがからみあい、検討のプロセスですぐ行き詰まってしまう。関連省庁との調整も難しく、市民参加をどこまで取り入れるかも難問で、だいいち都市計画中央審議会も長く開かれておらず、改正の手続きさえ不明という状況だった。

《明治維新から今日まで、市民の生活を第一にした都市計画はなかったといっても過言ではないと思います》(『私の都市工学』)

と、英華は書いているが、地方自治体は自らの地域の都市計画を決めるのにも、建設省に陳情しなければならなかった。

《そうすると、あそこの虎ノ門の飲み屋があるんだよ。そこへ係長が行って、一杯飲ましてもらって、そいで盲判捺すわけだから。それがもういけないことは、(中略)やってる連中がわかってる。それで、それは何回も……。だから、それを直すには、住宅審議会とか都市計画審議会の委員にならなきゃ直せない》(宮内嘉久との対談)

英華が東大の現役教授として最後に取り組んだのが、この新都市計画法であった。

彼は法規の専門家ではない。むしろ本領はオリンピックや博覧会、あるいは八郎潟、ニュータウンなど大規模プロジェクトの計画を指揮し、実現していくところにある。法律のように理屈っぽい分野は苦手だし、規制といったことは体質的に好きではなかった。

(しかし、都市計画法は一日も早くつくり直さなければ)

と切に思う。現実に都市計画を行っているがゆえに、必要性が痛いほど分かるのだ。そしてそれが分っているのは、都市工学科の教授たちのなかで、おそらく実務を多くやっている自分が一番だろう。

（だとすれば、やらなければならないのは、やはり俺かなあ。それなら現役であるうちにやらないと。何しろ新しい法律をつくり直し、建設省の権限を取っちまう話だから）

京大の西山夘三などは筆も立つので、法定都市計画を一刻も早く民主化すべきだ、と論陣を張っている。確かにそういうことも大事だが、政府の委員になって、答申に入れるという形でないと役所は動かず、法律も変わらない。

そうこうするうちに、英華が委員をしている宅地制度審議会で、都市計画法改正の答申をしようという動きが出てきた。審議会本来のテーマは不動産鑑定評価基準だったのだが、委員の一人が、

――こんな細かいことをやったってしようがない。いま不動産制度の一番の問題は、都市の土地利用計画を定めることじゃないか。

と言いはじめたのである。行政法の大家で、東大の教授をしている田中二郎《たなかじろう》だった。

これには官僚たちも慌て、答申に都市地域の土地利用計画を盛り込むことになったのである。

東京オリンピック前後から、高度成長経済のなかで、東京など大都市に人口と産業が急激に集中し、公害や通勤ラッシュなど都市問題が深刻化してきていた。無計画な開発が進められた郊外では、小・中学校ですしづめ教室やプレファブ校舎などが日々建てられていく。

旧内務省系の自治省あたりから、

――建設省は、やはり道路や橋などのトンカチ省だ。都市計画が分かっていない。権限はこちらに移管してもらわないと。

という声も出てきた。そんなことになったら大変だ、放っておくと権限をとられてしまう、と建設省の幹部も重い腰をあげた。

宅地制度審議会で触れられた土地利用計画の必要性は、翌年には担当部局も計画局から都市局に移され、審議会の名称も「宅地審議会」と変えられて、本格的に検討されることになった。


一九六七（昭和四二）年三月に出された宅地審議会第六次答申では、英華の意見により、都市地域を既成市街地、市街化地域、市街化調整地域、保存地域の四地域に分類し、市街化調整地域は「将来を見据えながらも、当面原則的に開発を禁止」、保存地域は「開発禁止、土地売買禁止」とする案が盛り込まれた。

この四区分は結局「市街化地域」と「市街化調整区域」の二つにまとめられてしまうが、都市計画決定権限の地方自治体への移譲、住民参加手続の導入などが加わって、新都市計画法は同年七月に国会で承認され、法定化される。

三月の審議会答申から七月の法案成立まで、わずか四か月しかかかっていない。関係省庁への説明は「閣議における大綱了解」で済ませられたという。一気にやってしまわないと、東京は大変なことになるという危機感が、当時の佐藤首相をはじめとした政府にあったのだろう。

宅地制度審議会で計画局参事官、宅地審議会で都市局長と、新都市計画法制定の建設省担当責任者であった竹内藤男《たけうちふじお》は、「学者の意見は聞いていない」と言いながらも、同じインタビューで、《高山英華さんにはずいぶん相談しましたよ》（『まちづくり行政オーラル・ヒストリー』）

とも述べている。

審議会議事録を読み返すと、英華の発言はそれほど多くないが、要所で的確に発言しており、これほどの緻密さが彼にあったとは驚きでさえある。

「高山先生が委員におられるだけで、安心感がありました」

都市計画課の課長補佐として、事務局にいた宮沢美智雄は、筆者のインタビューにこう答えている。

「先生は温かく、わたしたちを見てくださっていました。ちょうど学生時代に、そう接していただいたように。問題が起きたり、変なところに行ったら、きっと指摘し、助けていただける。わたしはそう信じていました」

もっとも、こうした回想は当時、都市局長だった竹内藤男とはかなり違う。

《あの人だけが反対したんだ、東大の工学部の都市工学の先生だ》

とは、竹内の弁である（前掲書）。少なくとも竹内局長と高山委員との間には、「線引き」を四地域から、市街化整備区域と市街化調整区域の二つに減らしたことについて、激しい対立があったらしい。二地域にしてしまうと、開発が許可される市街化整備地域に、何でも入れられて「水ぶくれ」してしまう。これでは、新都市計画法の基本的目標であった東京のスプロール化抑制を食い止めることはできない。

それは都市づくりを純粋に考える英華と、建設省の省益を守ることを優先する竹内との争いでもあった。

線引きだけでなく、権限を市町村ではなく都道府県に持たせたこと、全国一律の規制が中心で、市民参画の要素が不足していることなど、英華には不満なところが少なくなかった。単なる学者ならば、それをもって答申に強く反対したかもしれない。しかし、新都市計画法自体は一日も早く世に出さなければならない。それが世の中にとって、最も急がれることだ、と英華は思い返した。高山英華はそうした大きな現実的判断のできる男であった。

「まあ、不足なところはだんだんと直していけばいいいさ」

新都市計画法制定のあと、英華は宮沢にそう言ったという。

是正する機会は早いうちにやってきた。

英華は、一九七四（昭和四九）年に都市計画中央審議会委員に、そして七六年には同会長に就任する。

一九八〇年六月まで四年間の任期中に、英華は審議会会長として『二一世紀に向けての都市づくりの理念と都市政策の基本方向』を答申し、総合的な都市行政への提案をまとめた。それは都市計画を法律だけではなく、生きた人間が住む環境のためととらえ、美しさ、楽しさ、あるいは都市の文化や経営といった従来建設省では取り扱わなかった分野を含むものであった。

ここに入ったのが、「地区計画制度」である。

石田頼房は、その優れた都市計画史に再び書いている。

《一九八〇年の都市計画法および建築基準法の改正により、地区計画制度が創設されました。これは、新基本体系成立以後、最も重要な都市計画制度改革です》（『日本近現代都市計画の展開―一八六八―二〇〇三』）

地区計画とは、それぞれの地域特性にあった形で、建築物の用途や形態・意匠、容積率・建蔽率・建築高さの限度、壁面の位置、外壁後退など「まちづくりの作法」を、住民と市町村が話し合って定める制度である。全国一律に規制を定めた都市計画法と異なり、地域独自に住民たちの合意で進めるので、市民参加が一歩進んだ制度であり、行政の権限が市町村にあることから、より地域本位だ。

新都市計画法の不足点を、今度は英華が都市計画中央審議会会長として、改革しようとしたものといってよい。

地区計画制度は、ドイツを参考にしたもので、英華独自の考えではなかった。深く研究していたのも、都市工学科の同僚、日笠端教授である。しかし、具現化には建築出身者の指導力が必要だったし、英華はまさに都市計画中央審議会における、最初の建築出身の会長だった。

発足当初、こんな形で規制がうまくできるのかという危惧の声も聞かれた。だが、幾度かの改正を経て、地区計画制度制定二十年後の二〇〇〇年三月までに約三千件、さらに二〇〇八年三月三十一日現在で、五千件以上の指定件数を数えているところをみても、いまや十分に根付いているといえよう。

「まちづくり」という言葉が一般化するのも、地区計画制度が定められ、さらに市町村中心の都市マスタープラン制度が行われるようになって以降である。

それまでもまちづくりという言葉自体はあったが、「何でも反対」運動という色彩が強かった。それが一九八〇年代から住民が自分で責任を持つ建設的な意味で使われるようになったのである。地区計画に基づいて制定した条例は「まちづくり条例」、住民と行政との話し合いの場も「まちづくり協議会」などと呼ばれるようになった。

英華自身も、地区計画制度がまちづくりと深く関係するものであることを、答申のあと、行われた座談会で述べている。

《従来は道路とかゾーニングとか都市の根幹的施設を明治以来一生懸命やってきたわけですが、個別の住宅とか社会環境というような建築基準法というようなミクロな形でやって、その中間のちょうどいま問題になっている町づくりというようなところに建設省は手法をもっていなかった（中略）新しい戦後の都市計画法が改正されましてからちょうど十年たつというような点で、こういう基本的な見通しのもとに今後建設省は逐次その幾つかを制度化していっていただきたいということが書いてあると思います》（「座談会：答申を終えて」『二一世紀の都市ビジョン』）

二十一世紀のいまや、「まちづくり」という言葉はあまりにポピュラーになり、「都市計画」が死語になった観さえある。官の上意下達とハードウェア中心のシステムが、市民本位へと大きく変わった結果であるが、それも英華の答申した地区計画制度が寄与したといってよいだろう。

もっとも、英華のいう「まちづくり」とは、ボトムアップでありさえすればいいというものではなかった。まちづくりでは、住民たちが愛着を持っている小道や公園を大事に育てていくのにはいいが、もっと広いスケールで都市を計画する視点は滞ってしまう。たとえば、公共施設の配置、交通、防災などは、まちづくりだけでは十分にできない。かえって、お互いの地域エゴがもめ事の原因になってしまう恐れさえある。だから「上からのプランと、下からの動きがうまく合」って、都市計画とまちづくりが補完しあう（『つくば　実験／情熱　劇場』）こと必要なのだ。

《地区計画とか（中略）そういう小さな手法をやると同時に、大きくは日本の大都市をどうするか。（中略）これは発展途上国とも違うし、西欧先進国とも違う、何らかの一つの独自の方法をこの際、皆さん方でじっくり考える。そうすれば、日本の、自動車やエレクトロニクスだけじゃない、世界に誇りうる都市計画ができる》（『わたしの都市工学』）

新都市計画法により、問題は解決されたと思ったら、それで終わりではない。地区計画制度をつくってみると、また目の前に、新たな山が立ちはだかっている。しかし、本来都市計画とは、そういったものではないか。日に日に動く現実の中で、問題を解決していくことにこそ、都市計画があるのだから。

——俺のやっていることなんて、筏舟《いかだぶね》を漕いでいるみたいなもんさ。

東大にいたときから、英華はよくこういった。

——タイタニックのような立派な船で出港したって、うまくいくもんじゃない。天候はどんどん変わっていくし、早く向かわなきゃ、意味がなくなってしまう。といって、一本の丸太じゃ足りなくて溺れちまう。波はさまざまで、土木とか建築とか造園とか、ときには経済や社会など、いろいろな丸太が必要だ。そうした丸太を急いでかき集め、紐で結んで、大海に乗り出す。時には紐の結び目が緩んだりして、危なくなったりもするが、ええ、ままよ、何とか大波を乗り切って進む。都市計画もまちづくりも、要はそんな筏舟だし、俺はその舟頭だよ。

晩年の英華にとって、新都市計画法をつくり上げ、地区計画制度を設けるといった審議会だけでなく、現実にそれらを使って、まちづくりを実現していくことが、まさに最後の仕事となった。

しかも、それは彼の人生をなぞるような仕事であった。

一九七〇年代から、英華は大蔵省から筑波移転跡地の検討を依頼されている。

筑波研究学園都市では着々と工事が進み、一九七三年には筑波大学が開学した。これにともなって、旧東京教育大学や国の研究所、試験場などが筑波に移転し、東京圏に六十四か所、三百六十ヘクタールの跡地が発生した。なかでも、二十九か所、三百六ヘクタールの跡地は都市計画上特に重要で、このうち東京都内が二十二か所、百二十四ヘクタールで、最も大きい。これら貴重な国有地を、どう公共の用途にあてるかは、東京の都市計画上、大きな問題であった。

英華は検討委員会に、造園の横山光雄、建築の大谷幸夫、防災の村上處直らを引き込んだ。彼らがいわば今回の筏にあたる。

村上をチームに入れたときから、英華は今回の主たるテーマを防災だと決めていた。関東大震災級の災害に東京が再び見舞われたときの対策として、跡地は公園、緑地、避難広場などのオープンスペースとして残すのが最善だ。公園ならば、住民も日々使って楽しむことができるし、環境の改善にも役立つ。跡地周辺の道路整備や住環境の改善、都市再開発も含めれば、自分が長年住んできた環境を、住みやすく安全な町にすることも可能だろう。

(そうした一つ一つの町の生活や文化を大事に改善していくことが、山田正男の道路中心でも、丹下君の東京湾開発でもない、本当の東京の都市計画じゃないか)

あまりに大きな集積になった都市東京。もはや全体絵を描くだけの時代ではないし、その必要性も疑問だ。むしろ各々の町にこそ、人々の生活が残り、文化が息づいている。丸の内にはビジネス街の、銀座にはショッピング街としての蓄積があり、上野や谷中には江戸以来の歴史が、渋谷、表参道などには若いファッショナブルな文化がある。有名な観光名所だけではない、中央線沿線のような普通の町に、魅力を感じて住みつく若者もいる。そして（これが英華個人にとって最も大事なことだが）飲み屋が集まっている猥雑な通りなどにも、無計画だがかけがえのない風情があるものさ。

（それらすべてが東京だ。東京の魅力だ）

人々の生活、地形、町並みなど、さまざまなものが集積して、東京という巨大都市は形づくら
れている。まるで人間の体が無数の細胞からでき上がっているように。そして大事なのは、全体
を大改造する絵を描くのでなく、それぞれの小さなまちに目を注ぎながら、周囲や全体への影響
を複眼的に考えていくことだ。

しかし、英華の言葉に、関東財務局の担当者は失望した顔をした。

「すると、公園が中心になりますか」

と、いう。

公園だと、自治体は国有地だからということで、無償貸付を期待する。しかも、公園をつくっ
てくれるのならいいのだが、放置したままや、公園として認められないような施設の敷地とし
て、自治体が第三者に転貸ししてしまうことが多々あるらしい。

「そういったものに、地元政治家がからんだりするのです」

なるほど、と英華は理解した。

都市計画の権限は下のレベルに任せるべきだと自分は思い、そう発言もしている。地区計画で

もそうなのだが、現実はそう生やさしくない。

《それでまた、下にいい人がいないところへおろすと、これはまた大変なことになる》（宮内嘉久との対談）

というわけだ。

「それなら、われわれのほうで利用計画案を考えてみましょう。そしてぼくが政治家たちを封じてみます」

「高山先生、大丈夫ですか」

「ああ、任せといてください」

英華は既にオリンピックなどで修羅場をくぐっている。こんなことは平気だ。

このとき検討チームの村上處直や大谷幸夫のもとには、かつて全共闘にいた若者たちが働いていた。卒業しても就職が難しく、英華たちの世話になっていたのである。

彼らが目の当たりにしたのは、区長や区議、区役所の幹部たちを会議室に集めたときの、英華の姿だった。

事務局の説明中は居眠りしている。ときには鼾《いびき》さえかくことも。

「さて、終わったか」

中心に座っていた英華が目を開いて、居並ぶ議員たちを見回して言う。

「何か、意見があれば、言ってください」

自分で立ち上がって、議員たちのところまで歩いていき、まるでアナウンサーのようにマイクを向けたこともあった。

奇襲にあって、相手は詰まってしまう。なんとか意見を言うと、

「わかりました。次までには直します」

にやっと笑って、そう返事するのが常だった。そのとおり次回には反映させてくるので、文句のつけようがない。

——それまでぼくらは、高山先生が委員長や審議会会長だといっても、おとなしく御神輿になっているだけだと思っていた。でも違う。やっぱりすごい人だった。ぼくらがかなわなかったのも無理はない。

もと全共闘の一員だった人はそれを筆者に「腕力」という言葉で表現し、別の一人は「都市計画の大義」と説明してくれた。違うことを言っているようだが、おそらく両方ともが正しいだろう。

結果として、二十九か所の跡地のうち、公園は二十か所になった。全体を公園ではなく、跡地の一部は周辺都市整備や再開発の事業用地とし、広範囲な再整備種地に使ったところもある。渋谷区本町の東京工業試験所本所跡地は新国立劇場、新宿区百人町の東京教育大学光学研究所跡地は社会保険中央総合病院の移転先などになった。

(まるで俺の人生をたどっているようだ)

検討のため、対象地を見回りながら、英華はそう思ったかもしれない。

東京教育大学敷地はその一角に、英華の母校、東京高師附属中学校があったところだ。少年時代、毎日サッカーの練習に明け暮れた校庭が、いまは周囲を含め六ヘクタールの空き地となっている。英華はその地を、公園と附属小学校の校庭拡張をあわせ、「文京スポーツセンター」計画として、大谷幸夫に設計を頼んだ。

社会保険病院の移転先と考えている新宿区百人町は、英華が少年時代に住んでいたところである。関東大震災にもあったし、三番目の兄が体を壊して海軍兵学校から戻ってきた思い出深い土地だ。

（そしていま俺の住んでいる杉並も……）

杉並区には三か所の跡地があった。和田にある蚕糸《さんし》試験場本場（四・二ヘクタール）、井草にある機械技術研究所本所（四・六ヘクタール）、高円寺北にある気象研究所本所（一・九ヘクタール）である。いずれも阿佐谷の英華の家から、歩いても行ける距離だ。

三か所とも、英華は公園とすることに決めた。その理由を、のちに英華は衆議院建設委員会で次のように証言している。

《江東地区が危ないというので、先ほど言った、一生懸命我々は美濃部都政のときからやっていたんですけれども、その間に中野とか高円寺とか杉並とかいう方が立て込んで密集しちゃった。それで、今一番危ないところは杉並の方です。僕は阿佐谷にいるんですよ。女房に怒られて、江東地区ばかりなぜやっている、向こうは安全になっちゃっているのにと。だから、杉並を見直すことは絶対必要です》(平成七年四月二五日、第一三二国会、建設委員会)

杉並区はかつて農地だったところを、無造作に土地を分け、瞬く間に家が建ったので、農道が道路になってしまっている。しかも住む人が入れ替わるにつれ、百から百五十坪の土地が三分の一、四分の一に分割され、無計画に市街化されてしまった。浜田稔がつくった防災計画では、広域避難場所は練馬区の光が丘と指定されており、歩くと二時間以上かかってしまう。そうした危険な状況を、英華は何とか筑波跡地を防災公園とすることで解決しようとした。

——区に公園として譲渡するには、周辺地域の不燃化事業、すなわち防災まちづくりを住民参加で推進する。

といった一項を入れたのも、そのためだ。

蚕糸跡地も気象跡地も四ヘクタールしかない。広域避難所として機能するためには、周辺住宅地をあわせて不燃化する必要があった。

住民たちが参加したまちづくり協議会がつくられ、村上處直の妻で建築家の美奈子が中心となり、住宅の建て替え、土地利用の可能性などをシミュレーションして模型を作製した。不燃化のためには高層化が望ましく、そうすれば二世帯住宅の区分所有も可能になる。だが、いいや、それはいけない、庭先の緑や町の潤いがなくなってしまうから不燃化には反対だ、という住民も出てくる。といって、いまのまま放置していては、道路が狭く、消防活動困難な状況が相変わらず続いてしまう。

そういった議論を積み重ね、住民たちは制定されたばかりの地区計画制度を使うことで、まちづくりをまとめあげていった。

さらに蚕糸試験場では、英華はもう一つ、アイデアを持っていた。

近隣にある杉並第十小学校を、跡地の一角に移設することである。オリンピックで実現した環状七号線で同小学校は校庭が縮小されてしまった。しかも、七号線立体交差の上り坂に位置するため、排気ガスによる光化学スモッグに悩まされ、児童たちは晴れた日に校庭に出て遊ぶことさえできない。プールには油が浮き、教室も二重窓エアコン付きにしたため、天井高が低くなり、暗くなっている。そうしたオリンピックの道路整備がもたらした負の遺産を、同じ杉並区に住む英華はよく知っていた。

でき上がったのは、校庭の周辺はもとより、公園の周辺にも塀がなく、地域に完全に開かれた「学校公園」である。財産上は、学校施設としての校庭と校舎とグランドの半分で、体育館と温水プールは社会教育施設だが、学校と公園は一体になっていて、時間で使い分けられる。子供たちは隣接する公園を使って、自然に触れながら勉強するし、学校が終われば、今度は地域の人たちが朝早くから夜遅くまで、小学校のグラウンドでスポーツを楽しむというわけだ。

地域のお年寄りなどは散歩をしたり、子供たちの授業を見たりして楽しんだりもできる。

移転前の杉並第十小学校の子供たちは校庭が狭かったため、ボール遊び、縄跳びといったひとり遊びや数人の遊びが中心であった。ところが、移転後には広さが倍以上になり、十人前後の集団遊びが何組もあり、広い校庭に適した新しいゲームを考えだす状況も生まれた。体育館も中学校並の規模になり、プールも屋内なので天候や光化学スモッグに関係なく使える。

——そうすれば、蚕糸の森で子供たちが皆元気いっぱい遊べる。昔の「原っぱ」のように。

英華がそう言ったとき、彼の頭のなかには代々木で、大久保で、そして最後は杉並で遊びまわった自分の少年時代のことが思い描かれていたはずである。弟子の大村虔一が世田谷区の羽根木公園で、自由に木登りや水遊びができる「冒険遊び場」を実現したとき、英華はわがことのように喜んだという。英華の東京計画には常に公園があったが、そこには、いつも子供たちが元気に遊ぶ「原っぱ」という東京人の原風景がこめられていたのである。

蚕糸の森は、校庭と併用することにより、いつも子供たちが遊ぶ場として確保された。かつての試験場だったころの歴史にちなんで、「蚕糸の森公園」と名付けられたこの公園は、住民たちの手で安全確保、維持・管理、祭りなどがいまも行われている。

一九八〇年代英華は再開発コーディネーター協会という法人の理事長にもなった。大規模プロジェクトや法律制定の審議会委員といった仕事よりも、英華はまちづくりのコーディネーターといった泥臭い仕事のほうが好きだったのかもしれない。「庶民派」であった英華の、東大教授とは違う側面である。

（ああ、これで地域に恩返しができたな）

思えば、英華は仕事で忙しく、自分が長く住む杉並という地域にあまり目を向けることがなかった。それが国有地処分という仕事をしているうちに、いつの間にか地元とかかわることができたのである。しかも、それは新都市計画法、地区計画制度以来ずっと考えてきたことの実践だった。

（阿佐谷に住みはじめて、もう六十年以上か）

それは三番目の兄が海軍兵学校で結核を発病して帰ってきて、療養のために引っ越してからである。当時の阿佐谷は、まだ小川が流れ、ホタルが飛んでいるような田園地帯だった。療養につとめた兄だったが、母の熱心な看護のかいもなく、亡くなった。

（臨終のときに、母が枕元で兄に「とうさんのところに行きなさい」といった言葉は今も忘れられない……）

それからも母は女手一つで、残る四人の兄弟に高等教育を受けさせ、社会に出した。英華が軍隊にとられて満州に行っていた正月には、好きだった手作りのゴマメの飴煮を送ってくれたりしたものだ。

戦後も、母は毎日庭の手入れや孫の相手をして、八十八歳の天寿を全うするまで、阿佐谷の家で暮らした。

そんな思い出深い地に、英華はようやく恩返しすることができたように思う。

「まだまだですわよ、あなた。これからは、もっと地域のために尽くしていただかなくては」

そういう妻の声に、はっと我に返る。確かにそうだ。杉並の問題はいまだ解決されておらず、まちづくりはまさにこれからだ。分かっているよ、理恵子。何しろ、ここはとても可愛かった幼いお前が毬をついているのを、駅までの道すがら毎日眺め、やがて縁あって結ばれた故郷でもあるのだからね。

(自分にとって、阿佐谷がそうであるように、人はそれぞれ自分が育ったり、住んだりした土地にさまざまな思い出を持っている。都市計画とはそうした個人の記憶を大事にしたものでなくてはならないし、それがまちづくりというものだろう)

杉並区役所は、防災まちづくりをすすめるため、財団法人杉並防災不燃化公社を設立し、区民を啓蒙するためにまちづくりカレッジをつくった。英華は前者の理事になり、後者の校長に就任している。「緑地を残さないと、東京は砂漠になります」と区の広報紙に書いて、都市における公園の重要性を訴えもした。

八十歳を越えたころからは、政府のいろいろな委員会、審議会の仕事を弟子たちに引き継いでいき、杉並の仕事に専念しようとしているようだった。

阿佐谷の地に移って七十五年、合掌造の家を改築して四十年が経っている。家は何度も増築を重ね、子供たちの家族と同居していた。

その英華が定期的な健康診断のため、社会保険中央総合病院に入院したのは一九九九(平成一〇）年七月のことである。筑波跡地処分の仕事で新宿区百人町に移転させた関係から、院長と親しくなった病院である。少年時代、野や川を駆け回り、よく近くの戸山ヶ原に遊びに行った思い出の地でもあった。

ここ一、二年来、学生時代のサッカーの後遺症で足を痛めてはいるが、体は丈夫で元気。ちょうどその月の末に、杉並まちづくり公社（不燃化公社の後身）の理事会があり、出席の返事もしていたという。

しかし、静養というべき、この入院中に、英華は突然肺塞栓症を発病し、亡くなった。八十九歳の誕生日を迎えて百日ほどが過ぎた七月二十三日夜であった。

――僕は、東京で生まれて、東京で育ちました。そして、おそらく、東京で死ぬでしょう。

かつて自分で予言したとおり、英華はまさに東京人として、一生を終えたのである。

《先生は学界・政府・企業それぞれから、制度改革やプロジェクトをまとめるかけがえのない重鎮として頼りにされていました》

門下生の一人、伊藤滋は日本建築学会誌における追悼文をそう書きながら、次のように結んでいる。

《しかし先生の研究や社会活動の根本は庶民生活の向上にありました。先生は深く庶民の生活を愛しておりました。銀座のバーでブランデーをたしなむよりも、新宿の居酒屋で肩書きを外して市井の人々と焼酎を飲むほうが余程楽しかったのです。心の温かい気配りのこまやかな先生でし

た。大学の研究室の雰囲気は自由でした。先生は大きな包容力をもったリベラリストでした》

東京をはじめ、戦後日本の都市計画が、さまざまな紆余曲折を経ながらも、今日に至ることができたのは、この「庶民」派であり、「リベラリスト」であった高山英華によるところが大きい。

参考文献

相川貞晴・布施六郎（一九八一）『代々木公園』郷学舎
青柳いづみこ・川本三郎監修（二〇〇七）『「阿佐ヶ谷会」文学アルバム』幻戯書房
東龍太郎（一九六二）『東京オリンピック』わせだ書房
石井重信君を偲ぶ会編（二〇〇五）『石井重信君を偲んで』私家版
石川栄耀（一九五六）『余談亭らくがき』都市美技術家協会
石田頼房（一九六二）「八郎潟干拓地新農村建設計画」（『建築雑誌』第九一八号、日本建築学会）
石田頼房（一九八七）『日本近代都市計画の百年』自治体研究社
石田頼房編（一九八七）『日本近代都市計画史研究』柏書房
石田頼房編（一九九二）『未完の都市計画』筑摩書房
石田頼房（一九九九）「名誉会員高山英華先生を悼む」（『農村計画学会誌』一八巻二号、農村計画学会）
Ishida,Yorifusa (2000) Eika Takayama,the Greatest Figure in Japanese Urban and Regional Planning in the 20th Century, the 9th International Planning Conference : Centre –Peridephery Globalization, August 20-23 2000, Esgoo Helsinki Finland
石田頼房（二〇〇四）『日本近現代都市計画の展開―一八六八―二〇〇三』自治体出版社
伊藤滋（一九九九）「名誉会員高山英華先生ご逝去」（『建築雑誌』第一四四五号、日本建築学会）

伊藤滋（一九九九）「高山英華氏を悼んで」（『都市計画』第二二二号、日本都市計画学会）
伊藤滋（二〇〇六）『昭和のまちの物語―伊藤滋の追憶の「山の手」』ぎょうせい
伊藤滋（二〇〇八）『東京、きのう今日あした』ＮＴＴ出版
伊藤滋（二〇〇九）「環境学のマエストロ②都市防災――日本的な再開発の実践」（『月報ＫＡＪＩＭＡ』二〇〇九年八月号、鹿島建設）
井伏鱒二（一九八二）『荻窪風土記』新潮社
今岡和彦（一九八七）『東京大学第二工学部』講談社
内田祥三・村松貞次郎（二〇〇一～二〇〇八）「内田祥三談話速記録」（『東京大学史紀要』第一九～二六号、東京大学史史料室）
内田祥三・関野克（一九六七）「建築夜話」日本短波放送での対談記録、非公表資料
内田先生眉寿祝賀記念作品集刊行会（一九六九）『内田祥三先生作品集』鹿島出版会
内田祥文（一九四二）「国民住宅に就て」（『建築雑誌』第六八三号、日本建築学会）
内田祥文（一九五三）『建築と火災』相模書房
江國香織（一九九七）『いくつもの週末』世界文化社
大蔵省財務局大臣官房地方課（二〇〇〇）『大蔵省財務局五十年史』大蔵省
大塩洋一郎（二〇〇三）『都市の時代―大塩洋一郎都市論集』新樹社
大谷幸夫（二〇〇六）『都市的なるものへ―大谷幸夫作品集』建築資料研究社
大谷幸夫（二〇〇九）『建築家の原点』建築ジャーナル

大西隆（一九九九）「高山英華氏の御業績」（『都市計画』第二二二号、都市計画学会）
大村虔一（二〇〇二）「大村虔一教授退官記念―仙台の内在する都市デザイン力を探る」退官記念行事実行委員会、私家版
奥田勇（一九五七）「小野さんの満州時代をしのぶ」（『建築雑誌』八四五号、日本建築学会）
小熊英二（二〇〇九）『一九六八』全二巻、新曜社
尾崎正峰（二〇〇二）「スポーツ政策の形成過程に関する一研究―オリンピック東京大会選手村の選考過程を対象に」（『一橋大学研究年報―人文科学研究』三九巻、一橋大学）
金子祐介（二〇〇八）「20 Years Before 1960.And Now ―内田祥文から見える今の世界」（『一〇＋一』第五〇号、ＩＮＡＸ出版）
川上秀光（一九六九）「東大紛争の経過と学生諸君の運動について」『世界』一九六九年三月号、岩波書店）
川島宏（一九六九）「安田講堂再占拠宣言」（『文藝春秋』一九六九年三月号、文藝春秋）
川本三郎（二〇〇三）『郊外の文学誌』新潮社
川本泰三（一九七二）「五輪アイスホッケーに学ぶ―高山英華の得意技」（『イレブン』一九七二年四月号、日本スポーツ出版社）
岸田日出刀・高山英華（一九三六）『外国に於ける住宅敷地割類例集』同潤会
岸田日出刀（一九三七）『第十一回オリンピック大会と競技場』丸善
岸田日出刀（一九四六）『焦土に立ちて』乾元社

「岸田日出刀」編集委員会編（一九七二）『岸田日出刀』全二巻、相模書房
岸田日出刀・中山克巳・高山英華・角田栄・堀内亨一・村田政真・浜口隆一（一九六三）「東京オリンピック施設計画を展望する」（『新建築』一九六三年七月号、新建築社）
建設省（一九六二）「所管行政の動向に関する資料」非公表資料
建設省計画編（一九六四）『宅地制度審議会答申関係資料集』全三巻、不動産鑑定協会
建設省都市局編（一九六七）『宅地審議会答申関係資料集』全三巻、不動産協会
建設省都市局編（一九七〇）『二一世紀の都市ビジョン』ぎょうせい
越澤明（一九九一）『東京都市計画物語』日本経済評論社
越澤明（二〇〇五）『復興計画』中公新書
後藤健生（二〇〇七）『日本サッカー史―日本代表の九十年 一九一七―二〇〇六』双葉社
佐野博士追想録編集委員会編（一九五七）『佐野利器―佐野博士追想録』私家版
サンダー・S・E&ラバック・A・J（一九五〇）『新都市の形態』高山英華ほか訳、技術資料刊行会
塩田潮（一九八五）『東京は燃えたか―黄金の六〇年代、そして東京オリンピック』ＰＨＰ研究所
篠原修（二〇〇二）「街の戦後史を歩く―首都高という鏡」（『建設業界』一月号、日本土木工業協会）
篠原修（二〇〇八）『ピカソを超える者は―評伝鈴木忠義と景観工学の誕生』技報堂出版

司馬遼太郎『本郷界隈―街道をゆく37』朝日文芸文庫
島泰三（二〇〇五）『安田講堂一九六八―一九六九』中公新書
下河辺淳（一九九四）『戦後国土計画への証言』日本経済評論社
下河辺淳・鈴木俊一（二〇〇五）『時代の証言者7』読売新聞社
鈴木伸子（二〇〇七）「東京オリンピックの遺産―国立競技場、駒沢オリンピック公園、日本武道館」（『東建月報』二〇〇七年二月号、東京建設業協会）
鈴木伸子（二〇〇七）「東京オリンピックから四三年を経て、今も都民の憩いの場であり続ける駒沢オリンピック公園」（『東建月報』二〇〇七年一二月号、東京建設業協会）
住田昌二編（二〇〇七）『西山夘三の住宅・都市論―その現代的検証』日本経済評論社
大都市再開発問題懇談会（一九六二）「第一部会基本問題部会速記録」非公表資料
高山英華（一九三六）「コルビュジエの都市計画」（『建築雑誌』第六一五号、日本建築学会）
高山英華（一九三八）『外国に於ける住宅敷地割類例集（続集）』同潤会
高山英華（一九三九）「大同都邑計画覚書」（『現代建築』第四号、日本工作文化連盟）
高山英華（一九四一）「大都市の問題―無計画的人口膨張の危険性」（『帝国大学新聞』八五九号、帝国大学新聞社）
高山英華（一九四五）「空間計画に於ける時間的問題」（『都市問題』四〇巻二号、東京市政調査会）
高山英華（一九四九）「都市計画における密度に関する研究」学位論文

高山英華（一九五二）「都市計画の方法について」（『都市計画』第一号、日本都市計画学会）
高山英華・川上秀光（一九六二）「都市工学科設立に際して」（『建築雑誌』九一八号、日本建築学会）
高山英華・加藤隆（一九六四）「東京オリンピック東京大会における総合施設計画」（『新建築』一九六四年一〇月号、新建築社）
高山英華（一九六六）「本会名誉会員・元会長故岸田日出刀君」（『建築雑誌』第九七一号、日本建築学会）
高山英華・東畑四郎・浦良一（一九六六）「八郎潟干拓と新農村計画―座談会・これからの農業、これからの農村」（『SD』一九六六年一〇月号、鹿島出版会）
高山英華編（一九六七）『高蔵寺ニュータウン計画』鹿島出版会
高山英華（一九六九）「笠原先生の思い出」（『建築雑誌』第一〇一四号、日本建築学会）
高山英華（一九七三）「頑固と寛容」（『建築雑誌』第一〇六三号、日本建築学会）
高山英華・磯崎新ほか（一九七六）「特集：近代日本都市計画史」（『都市住宅』一九七六年四月号、鹿島出版会）
高山英華（一九七八）「数学の想い出」（『数学セミナー』一九七八年一〇月号、日本評論社）
高山英華・藤森照信・松葉一清（一九八六）「都市計画における第三の道」（『建築雑誌』一二四四号、日本建築学会）
高山英華（一九八七）『私の都市工学』東京大学出版会

高山英華先生喜寿記念事業を進める会（一九八七）『高山英華先生年譜』私家版
同（一九八七）『高山文庫目録』私家版
高山英華（一九九〇）「女手で五人の子を育てた母」（講談社出版研究所編『私の尊敬する人』講談社）
高山英華・両角光男（一九九三）「パートナーシップとリーダーシップと」（『建築雑誌』一三四四号、日本建築学会）
高山英華・南條道昌（一九九五）「建築と都市の狭間の五〇年」（『建築雑誌』一三七六号、日本建築学会）
高山英華・藤森照信（一九九五）「郊外のはじまり」（『東京人』一九九五年一一月号、都市出版）
高山英華（一九九六）「すぎなみ発展の落とし穴」（『月刊広報ビューすぎなみ』四六号、東京都杉並区）
高山英華編（一九九七）『まちづくり対談集』再開発コーディネーター協会
高山英華・大島良雄・木暮金太夫（一九九七）「日本温泉協会と雑誌『温泉』」（『温泉』第七〇〇号、日本温泉協会）
高山英華・宮内嘉久（一九九七）『都市の領域―高山英華の仕事』建築家会館
高山英華・村上處直・布野修司（一九九八）「ごく普通のまちづくりを！」（『建築雑誌』一四二〇号、日本建築学会）
高山英華・国枝正治（一九九八）「日本地域開発センターとその時代」（『地域開発』第四〇〇号、

日本地域開発センター）
高山英華先生を偲ぶ会（二〇〇〇）『追想』私家版
武田晴人（二〇〇八）『高度成長―シリーズ日本近現代史⑧』岩波新書
谷岡喜久蔵編（一九八五）『回顧録　旧制成蹊高等学校』旧制成蹊高等学校同窓会
田村明（一九九二）『江戸東京まちづくり物語―生成・変動・歪み・展望』時事通信社
田村明（二〇〇九）『東京っ子の原風景―柿の実る家の昭和史』公人社
田山花袋（初版・一九一七）『東京の三十年』講談社文芸文庫
田山花袋（初版・一九二〇）『東京近郊一日の行楽』社会思想社
丹下健三（一九六一）「東京計画一九六〇―その構造改革の提案」（『新建築』一九六一年三月号）
丹下健三（一九九七）『一本の鉛筆から』日本図書センター
丹下健三・藤森照信（二〇〇二）『丹下健三』新建築社
塚本猛次（一九七六）「私の受けた建築教育」（『建築雑誌』第一一〇六号、日本建築学会）
塚本猛次（一九八三）「思いつくことなど―わが建築青春記」（『建築雑誌』第一二一一号、日本建築学会）
つくばヒューマンヒストリー研究会（一九九六）『つくば　実験／情熱　劇場―つくばの三〇年一〇一人の証言』常陽新聞社
土崎紀子・沢良子編（一九九五）『建築人物群像』住まいの図書館出版局
「桐陰」刊行委員会編（一九八四）『記念誌「桐陰」』私家版

東京高等師範学校附属中学校蹴球部六十周年誌編纂委員会編（一九八四）『附属中学サッカーのあゆみ』私家版
東京大学ア式蹴球部（一九六三〜二〇〇一）『闘魂（復刻版）』創刊号〜第五号、東大ＬＢ会
東大紛争文書研究会編（一九六九）『東大紛争の記録』日本評論社
東畑四郎・松浦龍雄（一九八〇）『昭和農政談』家の光協会
内藤隆夫（一九九七）「明治期宝田石油の成長と挫折」『史學雜誌』一〇六巻一二号
内藤隆夫（二〇〇〇）「宝田石油の成長戦略一八九三―一九〇八」『社会経済史学』六六巻四号
中島健蔵（一九五二）『昭和時代』岩波新書
中島健蔵（一九六六〜七一）『自画像』筑摩書房
中島直人・塩崎真一（二〇〇六）『都市デザイン萌芽期の研究』私家版
中島直人（二〇〇八）「高山英華の戦時下『東京都改造計画』ノート」（『一〇＋一』第五〇号、ＩＮＡＸ出版）
中島直人（二〇〇八）「高山英華による都市計画の学術的探究に関する研究―『都市計画の方法について』の歴史的文脈に着目して」（『都市計画論文集』四三巻三号、日本都市計画学会）
中島直人・西成典久・初田香成・佐野浩祥・津々見崇（二〇〇九）『都市計画家石川栄耀―都市探求の軌跡』鹿島出版会
成田龍一（二〇〇七）『大正デモクラシー―シリーズ日本近現代史④』岩波新書
西山夘三（一九八三）『建築学入門―生活空間の探求』（上）（下）勁草書房

西山夘三（一九九七）「日本の建築運動と創宇社」（新建築家技術者集団編『都市と住まい　西山夘三―建築運動の軌跡』、東方出版）
波多野勝（二〇〇四）『東京オリンピックへの遥かな道―招致活動の軌跡一九三〇―一九六四』草思社
初田香成（二〇〇九）「戦後日本における都市再開発の形成と展開に関する史的研究」学位論文
服部正隆（二〇〇六）「高山英華の仕事と都市計画思想」東京大学大学院工学系社会基盤学修士論文
速水清孝（二〇〇八）「建築士法の百年」私家版
半藤一利（一九九八）『ノモンハンの夏』文藝春秋
半藤一利（二〇〇六）『昭和史　戦後篇一九四五―一九八九』平凡社
秀島乾（一九七一）『ＫＡＮ都市計画論文ＭＥＭＯ（一九三九〜一九七〇）』私家版
藤井正一郎・山口廣編著（一九七三）『日本建築宣言文集』彰国社
藤森照信（一九九三）『日本の近代建築』（上）（下）岩波新書
藤森照信（一九九八）「戦後モダニズム建築の軌跡・丹下健三とその時代⑨高山英華」（『新建築』一九九八年十月号、新建築社）
藤森照信（二〇〇五）「佐野利器論」（鈴木博之・石山修武・伊藤毅・山岸常人編『材料・生産の近代―シリーズ都市・建築・歴史９』東京大学出版会）
布野修司（一九九八）「西山夘三論序説」（『布野修司建築論集Ⅲ―国家・様式・テクノロジー

――建築の昭和』彰国社）
宝田石油株式会社臨時編纂部編『宝田二十五年史』宝田石油株式会社東京店
堀江興（一九九〇）「東京の幹線道路に関する史的研究」学位論文
堀江興（一九九五）「道路網の整備」（東郷尚武編『都市を創る――シリーズ東京を考える⑤』都市出版）
堀江忠男（一九八〇）『わが青春のサッカー』岩波ジュニア新書
本多昭一（二〇〇三）『近代日本建築運動史』ドメス出版
本間義人（一九九九）『都市改革の思想――都市論の系譜』日本経済評論社
前川國男・宮内嘉久（一九八一）『一建築家の信條』晶文社
牧野和孝・浅野光行（二〇〇八）「学校施設の開放と住民評価に関する研究――杉並区の学校公園化と共同利用を対象として」『十木計画学研究・講演集』第三八号
松下清夫（一九七三）「建築一般構造と内田先生」（『建築雑誌』第一〇六三号、日本建築学会）
松下美柯（二〇〇六）『それは昭和五年の春だった』私家版
御厨貴編（二〇〇四）『まちづくり行政オーラル・ヒストリー』政策研究大学大学院
宮内嘉久（一九九四）『建築ジャーナリズム無頼』晶文社
宮内嘉久（二〇〇五）『前川國男　賊軍の将』晶文社
宮川隆義（一九九六）『岩崎小弥太』中公新書
宮沢美智雄（一九六九）「新都市計画法施行後の諸問題」（『建築年報　一九六九年版』、日本建築

学会）
宮沢美智雄（一九七九）「都市計画法・都市再開発法・建築基準法十年の評価」（『建築雑誌』一一五一号、日本建築学会）
村上處直（一九八六）『都市防災計画論―時・空概念からみた都市論』同文書院
村上護（一九九三）『阿佐ヶ谷文士村』春陽堂書店
村上美奈子（二〇〇六）「まちづくりからの建築計画」（『JIA Bulletin』二〇〇六年一二月号）
村松貞次郎（一九六五）『日本建築家山脈』鹿島出版会
村山知義（一九七〇～一九七七）『演劇的自叙伝』全四巻、東方書店
李代哲雄（一九八八）『評伝田畑政治』国書刊行会
山田正男（一九七三）『時の流れ・都市の流れ』都市研究所
山田正男（二〇〇一）『東京の都市計画に携わって―元東京都首都整備局長・山田正男氏に聞く』東京都新都市建設公社まちづくり支援センター
鷹鶴社同人（一九〇三）『北越名士の半面』鷹鶴社
吉見俊哉（二〇〇九）『ポスト戦後社会―シリーズ日本近現代史⑨』岩波新書
蠟山政道（一九六七）『日本の歴史26―よみがえる日本』中央公論社
渡辺俊一・有田智一（二〇一〇）「都市計画の制度改革と『都市法学』への期待」（『東京大学社会科学研究所紀要―社会科学研究』第六一巻第三・四号、東京大学社会科学研究所）

『東京高等師範学校附属中学校一覧・大正十四年版』（一九二五）非公開資料
『東京大学都市工学科同窓会名簿』（二〇〇二）東京大学都市工学会同窓会
『木葉会名簿』（二〇〇七）木葉会
「東京大学工学部建築学科卒業計画賞・辰野賞歴代受賞者一覧」非公開資料

図版出典

『都市住宅』一九七六年四月号……19、105、143、186、243、257、320、343頁、カバー表
『新建築』一九六四年一〇月号……283、287、292頁、カバー裏
『高蔵寺ニュータウン計画』（高山英華編、一九六七年、鹿島出版会）……316頁
著者撮影……5頁
高山家提供……159頁

あとがき

当人が生きている場合、あるいは亡くなっていても、謦咳に接した方々がいまだ多くご健在の場合、その人を主人公にした伝記や小説を書くことは難しいといわれる。

作家よりも読者のほうが多くのことを知っているのに、果たしてその人物を書く勇気をもてるか。気にしすぎると通り一遍の事実羅列集になり、想像力を働かせすぎるとでたらめと非難される。さすが、文豪森鷗外でさえ『西周伝《にしあまねでん》』はいかにも書きにくそうだし、幸田露伴《こうだろはん》などは『渋沢栄一伝』を、主人公が若い時分で筆を置いてしまった。

門下生の方たちから、二〇一〇年は高山英華先生の生誕百周年にあたるので、一般向けの伝記小説を書いてくれないかと依頼があったとき、まず頭に浮かんだのがこれだった。

わたしは、高山英華の講演を聞いたことはあるが、面と向かって話した経験はなく、東大都市工学科の卒業生でもない。だから当然躊躇したし、知人に話すと呆れられたり、真顔で「いまからでも遅くないから、断ったら」と忠告されたりした。

にもかかわらず、引き受けたのは、なんといっても、わたし本人が高山英華に興味があったからである。

わたしはかつて『東京駅の建築家　辰野金吾伝』（講談社）という本を書いた。辰野金吾はいうまでもなく、東大建築学科そして近代日本建築の祖である。だから、次は自分の専門である都市計画で、姉妹作を書いてみたい、とずっと考えていた。

高山英華は戦後日本都市計画の中心人物であり、日本で最初の都市計画の学科を開設した人として、時代は違うが、まさに辰野金吾にあたる存在感を持っている。

彼の生涯をたどっていけば、日本の都市計画がどう進展し、今日に至ったか知ることができるのではないか。また、それが今日の日本の、特に東京の都市計画、まちづくりを考える糸口になるのではないか、ということも頭に浮かんだ。

高山の活躍した東京オリンピックから大学紛争に至る時代に、自分が青少年期を過ごし、彼の住んだ杉並や大久保に、わたし自身も居住したり、大学があったりなどという、符合も感じた。

まあ、そんなこんなでやり始めたわけである。

しかし、ことはそう生やさしくはない。作業はすぐ壁にぶつかった。

最も大きなハードルは、高山が戦後日本都市計画の大立者であったにもかかわらず、なかなか評価を定めにくい人だったことである。

都市工学科の同僚であった丹下健三は世界的建築家として、その名は不滅であろう。また、ライバルともいわれた京大の西山夘三は分厚い数冊の著作集もあり、豊かな筆力で自伝も書いている。

ところが、高山の場合、政府関係の委員を多く務めたものの、確たる業績というと、よく分からなくなってしまう。出している本も一冊だけで、自伝などもなく、手がかりらしきものもつかめない。

途方に暮れたあげく、思いついたのが、

（英華を知っている人々に、できるだけ会ってみよう）

と、いうことであった。当初わたしを躊躇《ためら》わせていた、門下生や知人がご健在であることを逆手にとろうとしたのである。

結果として、ヒアリングをはじめ、インターネットや手紙などで問い合わせた方の数を併せると、接触した方は百人近くに及んだ。

すべてが高山英華関係ではなく、父親の勤めた宝山石油、東京高師附中のサッカー部、新宿ハモニカ横丁や阿佐ヶ谷駅前などの飲み屋、杉並文士たちなどについて詳しい方々にも、お話をうかがいした。

英華の大学時代の同級生が、いまだご存命であることを知ったときには、本当にびっくりした。

女性にも何人かお会いしている。なかに、この方こそ、英華憧れの人だったのではないかと思える方もおられた。

そういうことをしながら、書くべきは英華の「人間性」にあるというところに、収斂していったように思う。

都市計画で重要なのは、さまざまな形で参加する市民たちをコマではなく、人間としてみることである。でないと計画自体が独善的で無味乾燥なものになってしまう。

高山自身も計画において、常にそうした「人間」に重きを置いた人であった。

この本で極力事実を踏まえながら、ときとして想像力を膨らませたり、引用を時に加筆修正しているのも、人間高山英華を描きたかったからである。そうしないと、高山英華の「事実」を語ることはできても、「真実」に達することはできない。

厳密な「事実」については、別途執筆の機会を設けて、明らかにする所存である。

ヒアリングして気づいたのは、英華を知っておられる多くの方がお元気ではあるものの、お年を召しておられることであった。実際、高山英華伝に取り組むのが、あと数年遅かったら、これだけの方々にヒアリングできたかどうか。その意味で、わたしは運がよかったといえるだろう。

本書にはそうしたヒアリング、お貸しいただいた貴重な資料の結果がちりばめられている。

インタビューに応じてくださった方々のお名前は、一人ひとり記して感謝の言葉を述べるのが礼儀ではあるけれど、今回はその数が多いため、全体として御礼申し上げることでとどめさせていただきたい。

また、実際には高山英華に関して重要な方であるのに、わたしの無知のため、連絡を怠った方もおられるであろう。

最後に、この高山英華伝執筆の機会をつくっていただいた伊藤滋、石田頼房、宮沢美智雄の三先生、そして鹿島出版会の川嶋勝氏に御礼申し上げる。

川嶋さんとは、日大の故近江栄先生から紹介されて以来、いつか一緒に仕事をしていたいと思っていた方であっただけに、感慨深いものがあった。

著者

著者
東 秀紀（あずま・ひでき）
作家／首都大学東京教授
一九五一年生まれ。早稲田大学理工学部建築学科卒業。ロンドン大学建築・計画学部都市計画学科大学院修了。英国王立都市計画家協会正会員。主著に『ヒトラーの建築家』（NHK出版、日本建築学賞会文化賞）、『東京駅の建築家 辰野金吾伝』（講談社）、『鹿鳴館の肖像』（新人物往来社、歴史文学賞）、『荷風とル・コルビュジエのパリ』（新潮選書）、『漱石の倫敦、ハワードのロンドン』（中公新書）など。

東京の都市計画家 高山《たかやま》英華《えいか》

発行　二〇一〇年六月一五日　第一刷
著者　東 秀紀
発行者　鹿島光一
発行所　鹿島出版会
〒一〇四—〇〇二八
東京都中央区八重洲二—五—一四
電話　〇三—六二〇二—五二〇〇
振替　〇〇一六〇—二—一八〇八八三
装幀　西野 洋
本文DTP　エムツークリエイト
印刷　壮光舎印刷
製本　牧製本

ISBN 978-4-306-09407-9 C0052 Printed in Japan

URL: http://www.kajima-publishing.co.jp
e-mail: info@kajima-publishing.co.jp